ERFOLGREICHES
VISUAL
MERCHANDISING

Matthias Spanke / Sonja Löbbel

Matthias Spanke / Sonja Löbbel

ERFOLGREICHES VISUAL
MERCHANDISING

IMPRESSUM

Bibliografische Information der Deutschen Nationalbibliothek
Die Deutsche Nationalbibliothek verzeichnet diese Publikation in der
Deutschen Nationalbibliografie; detaillierte bibliografische Daten
sind im Internet über http://dnb.d-nb.de abrufbar.

ISBN: 978-3-86641-257-6

Artdirektion und Titel: Ingo Götze, Frankfurt am Main
Titelfoto: H & M Hennes und Mauritz (Vorderseite); INSPIRED Visual
Merchandising/Foto: Can Berber (Rückseite)
Gestaltung und Satz: Gerhard Berger, berger.design, Darmstadt
Druck und Bindung: abcdruck GmbH, Heidelberg

INHALT

ZARA

LIEBE LESERIN,
LIEBER LESER,

<u>Dieses Buch</u> richtet sich an Sie: die Vertriebsmitarbeiter der Modebranche. Es soll Ihnen helfen, Ihre Verkaufs-fläche erfolgreicher und die Marke erlebbar zu machen, sowie Ihren Kunden die Selbstbedienung zu ermög-lichen. Dieser Praxis-Leitfaden ist verständlich und mit wenigen Fremdwörtern geschrieben, um ihn auch für Berufsanfänger gut nachvollziehbar zu gestalten. Viele Visualisierungen und Fotos aus der Praxis helfen, die Inhalte zu veranschaulichen.

Wir führen Sie systematisch an das Thema Visual Merchandising heran und arbeiten uns gemeinsam von außen nach innen durch alle Bereiche Ihres Geschäftes. Unser Ziel ist es, dass Sie diese Anleitung für ein optimales Gesamtkonzept auf Ihr Geschäft übertragen können.

Es ist ein anwendungsorientiertes Buch mit vielen praktischen Tipps, detaillierten Anleitungen und Erklä-rungen. Gleichzeitig dient es als Nachschlagewerk, um Ihnen Ideen, Lösungen und Entscheidungshilfen im Alltag zu liefern.

Wir wünschen Ihnen viel Spaß beim Lesen und viel Erfolg bei der Umsetzung.

Matthias Spanke und Sonja Löbbel

ZIELE VON VISUAL MERCHANDISING

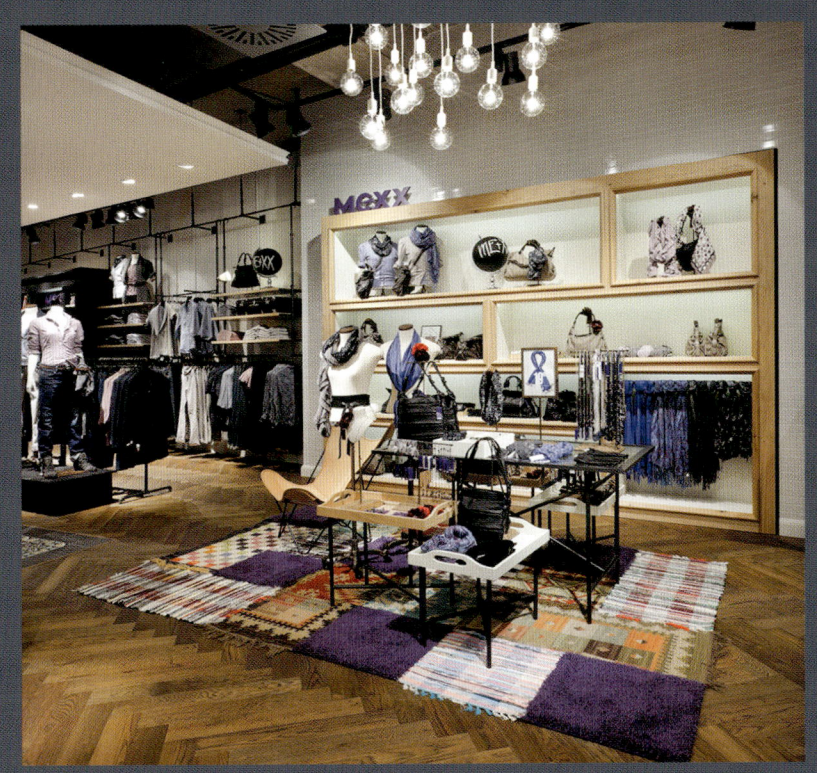

ZIELE VON VISUAL
MERCHANDISING

Visual Merchandising präsentiert und stärkt das Image der Marke.

Die Ziele von Visual Merchandising werden mit der Abkürzung AIDA von Elmo Lewis passend zusammengefasst:
Als erstes soll die Aufmerksamkeit (Attention) der Kunden hervorgerufen werden. Dann soll deren Interesse (Interest) an den Produkten und Dienstleistungen geweckt werden. Die Kunden sollen das Verlangen (Desire) verspüren, diese besitzen zu wollen. Danach soll der Kauf (Action) ausgeführt werden.

FREQUENZSTEIGERUNG UND ERHÖHUNG DER VERWEILDAUER

Regelmäßig wechselnde Schaufensterdekorationen sowie interessante Ware auf Außenmöbeln und im Eingangsbereich wecken das Kundeninteresse. Hier entscheidet der Kunde, ob er die Verkaufsfläche betritt. Die Verweildauer der Kunden im Verkaufsraum lässt sich durch die Optimierung der Laufwege und die Nutzung von Aktionsflächen und Faszinationspunkten erhöhen.

UMSATZSTEIGERUNG

Durch Visual Merchandising werden Outfit-Vorschläge präsentiert und Kaufimpulse ausgelöst. Der Verkauf wird unterstützt, die Ware dreht sich schneller und der Umsatz erhöht sich.

IMAGEBILDUNG

Mit neuen Ideen, Vorschlägen und Lifestyle-Inszenierungen wird ein unverwechselbarer Auftritt am Verkaufspunkt erreicht. Visual Merchandising präsentiert und stärkt das Image der Marke. Erfolgreiche Marken kommunizieren nicht ihre Ware, sondern ihr Image.

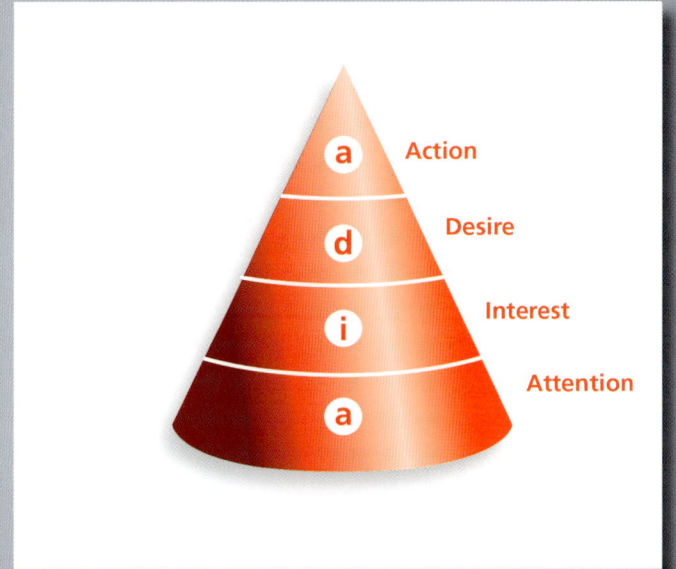

AIDA-Formel nach Elmo Lewis

ORDNUNG UND SELBSTBEDIENUNG

Die Verkaufsfläche wird logisch, übersichtlich und ohne Platzverschwendung strukturiert. Dabei werden die unterschiedlichen Sortimentsinhalte herausgestellt und den Kunden wird die Orientierung erleichtert.

Je klarer und logischer die Aufteilung ist, umso weniger Verkaufsmitarbeiter werden benötigt. Auch sehr beratungsintensive Fachgeschäfte können mit dem richtigen Visual Merchandising den Selbstbedienungsanteil erhöhen.

Eine gepflegte, aufgeräumte und lebendige Verkaufsfläche lädt zum Kauf ein.

Logisch und übersichtlich strukturiert:
Verkaufsfläche bei Tommy Hilfiger

MARKENBILDUNG

MARKEN
BILDUNG

Mit Ihrer Marke verkaufen Sie Träume, Begehrlichkeiten und Exklusivität.

ZIELGRUPPE

Je genauer Sie Ihre Zielgruppe kennen, umso genauer können Sie Ihre Kunden von sich überzeugen. Denn mit Ihrer Marke verkaufen Sie die Emotionen, Träume, Begehrlichkeiten und Exklusivität, die Ihre Kunden wünschen. Sie verkaufen nicht die Fakten Ihrer Produkte – Sie verkaufen Ihren Kunden ein Gefühl. Bei der Emotionalisierung Ihrer Marke durch das Visual Merchandising gibt es unzählige Möglichkeiten. Die meisten Kunden kaufen unterbewusst ein und werden durch ihre Umwelt beeinflusst, ohne es wahrzunehmen. Diese Kunden wollen nichts verkauft bekommen, sie wollen selbstbestimmt etwas kaufen. Die bewussten Käufer sind die Bedarfskunden. Sie kaufen überlegt und rational ein.

ALLEINSTELLUNGSMERKMALE

Die wichtigste Aufgabe für jede ambitionierte Marke ist es, ein Markenprofil zu entwickeln, mit dem sich die avisierte Zielgruppe identifiziert. Dazu werden die Unterscheidungsmerkmale zum Wettbewerb definiert und die eigenen Vorteile herausgearbeitet. Dieses Profil mit seinem Qualitäts- und Nutzen-versprechen adaptieren Sie auf alle Bereiche Ihres Unternehmens. Nur so können Sie es glaubhaft an Ihre Kunden kommunizieren. Nur so bauen Sie eine emotionsgeladene Marke auf und unterscheiden sich dadurch von Ihren Mitbewerbern.

KUNDENPSYCHOLOGIE

Der Großteil aller menschlichen Entscheidungen wird nach unbewussten und emotionalen Kriterien getroffen. Neben der visuellen Kommunikation sollen die Kunden multisensorisch angesprochen werden, d. h. mit allen Sinnen. Sie sehen die Produktpräsentation, Licht, Möbel, Farben und Bilder und hören Musik und Stimmen. Auch der Geruch ruft Erinnerungen im Gehirn hervor. Zum Beispiel der Duft von frisch gebackenem Brot beim Bäcker. Auch Berührungen nimmt der Kunde wahr. Das kann über den Bodenbelag oder beim Anfassen der Möbel erfolgen.

Überlegen Sie sich genau, welche Sinne Sie mit welchen Signalen ansprechen wollen, um Ihr Markenprofil zu unterstützen.

MARKENBILDUNG AM POS

Inszenieren Sie Ihre Markenidentität am Verkaufspunkt. Bauen Sie sich eine Identität auf und erreichen Sie damit einen hohen Wiedererkennungswert.
Produkte und Leistungen können von Mitbewerbern
kopiert werden, Ihre Marke und der Lebensstil, für
den sie steht, nicht.

Auf der Verkaufsfläche haben Sie die optimale
Möglichkeit, Ihre Wettbewerbsvorteile darzustellen und erlebbar zu machen. Damit erschaffen Sie
Einzigartigkeit. Kaufentscheidungen werden immer
emotionaler getroffen. Aus diesem Grund müssen
Ihre Kunden durch Innovation, Kreativität und ein
positives Einkaufserlebnis emotional angesprochen
werden.

Betrachten Sie Ihren Verkaufsraum als ganzheit-
liche Erlebniswelt für Ihre Marke, in der Ihr Kunde
ein aktiver Teilnehmer ist. Damit begeistern Sie Ihre
Kunden und sorgen dafür, dass sich diese mit Ihrer
Marke identifizieren.

DIESEL

FASSADE

DIE
FASSADE

Mit Schaufenstern und Außenwerbeanlage können
Sie über die Fassade kommunizieren.

Die Fassade ist die Schauseite eines Gebäudes. Diese
ist in der Regel vorgegeben und kann nur bedingt
verändert werden. Trotzdem: Auch mit der Fassade
können Sie kommunizieren! Und das muss nicht
immer teuer sein, oft reicht ein Anstrich, der farblich
zu Ihrem Markenprofil passt.

Die Außenwerbeanlage ist, neben dem Schaufenster,
ein wichtiger Bestandteil der Fassade. Sie gibt
Informationen über die Produkte und Dienstlei-

stungen und sorgt für Wiedererkennung. Deshalb
muss sie gut positioniert werden. Beachten Sie auch
die Lesbarkeit: Die Werbeanlage sollte von weitem
und von nahem gut lesbar sein.

Achten Sie auch auf die Sauberkeit und darauf, dass
Beschädigungen an Fassade oder Außenwerbung
sofort in Ordnung gebracht werden. Fremdplakate an
Ihrem Gebäude bringen keinen Vorteil und wirken
störend.

ZARA

SCHAUFENSTER

LAURÈL

DAS
SCHAUFENSTER

<u>Schaufenster</u> erregen Aufmerksamkeit und faszinieren die Kunden – sie sind die Visitenkarte Ihres Geschäftes.

Das Schaufenster ist die Visitenkarte Ihres Geschäftes. Es visualisiert das Image und die Qualität, die der Kunde beim Betreten der Verkaufsfläche zu erwarten hat. Deshalb muss die im Fenster dargestellte Markenwelt das zeigen, was der Kunde auf der Verkaufsfläche wiederfindet.

Die Schaufenster sind nicht für den Verkauf der Ware gedacht. Sie sollen Aufmerksamkeit erregen und die Kunden faszinieren. Präsentieren Sie Ihre Markenwelt und zeigen Sie Produkte, Ideen und Innovationen. Erfolgreiche Schaufenster kommunizieren das Image, die Emotionen sowie den Stil und die Sortimentsvielfalt. Überzeugen Sie den vorbeilaufenden Betrachter davon, Ihr Geschäft zu betreten.

Der Erfolg eines Fensters wird nicht an der Schönheit gemessen, sondern an der Funktionalität: Wie werden Produkte und Eigenschaften dargestellt? Denn teure Fenster sind nicht unbedingt die besten – kreative Ideen sind entscheidend. In der Regel gilt: Je einfacher und klarer das Fenster ist, umso effektiver ist seine Wirkung.

Oft kann gerade die Nutzung der Schaufenster optimiert werden. Vergleichen Sie den Wert Ihres Fensters in einer Einkaufsstraße mit den Kosten, die eine Werbefläche in vergleichbarer Lage verursachen würde. So wird Ihnen schnell bewusst, wie wertvoll dieses Schaufenster ist. Es muss immer perfekt aussehen. Kontrollieren Sie alle Fenster täglich auf Sauberkeit, Styling, Positionierung, Beschilderung und Beleuchtung.

FENSTERKONZEPTION

Bei der Auswahl der Fensterthemen gibt es vielfältige Möglichkeiten. Diese können zum Beispiel saisonale, lokale, nationale oder soziale Themen aufgreifen. Der Fensterkonzeption sollte unbedingt eine Jahresplanung vorausgehen, damit Sie das optimale Thema für Ihre Ware auswählen. Beim Warenwechsel im Schaufenster muss die Dekoration nicht immer verändert werden.

Bei mehreren Fenstern sollte ein einheitliches Thema umgesetzt werden. So erreichen Sie Ruhe und Ordnung, aber auch einen höheren Wiedererkennungswert im Aufbau.

Dabei kann ein Thema in verschiedenen Fenstern auch unterschiedlich umgesetzt werden. Wichtig dabei ist die Durchgängigkeit in der gesamten Darstellung: sowohl im Fenster als auch im Innenbereich.

Achten Sie bei der Konzeption darauf, dass die Aussage der Schaufenster klar und einfach verständlich ist. Daher reicht es aus, die Themen anzudeuten. Ein Sommerstrand kann durch eine Sandinsel auf dem Boden und ein Wellenmotiv im Hintergrund angedeutet werden. Es ist nicht nötig, das gesamte Fenster fußhoch mit Sand zu bestücken, da jeder Kunde bereits über die Andeutung das Thema versteht. Wählen Sie die Dekorationselemente genau aus, damit das Thema möglichst einfach und klar dargestellt wird. Denken Sie daran, dass ein Fenster dreidimensional ist – nutzen Sie Scheibe, Boden, Decke und Wände für Ihre Gestaltung.

Zur Konzepterarbeitung gehen Sie wie folgt vor:

1. ZIEL DEFINIEREN

Definieren Sie im Vorfeld Ihr Ziel so genau wie möglich. Das kann zum Beispiel so aussehen: „Unser Ziel
ist ein innovatives und preisgünstiges Herbstfen-
ster, das mit einer Jackenaktion kombiniert werden
kann." Legen Sie auch fest, wie viele Ideen Sie in
welcher Zeit erarbeiten möchten. In einer
halben Stunde können mindestens 10 – 20 Ideen
entstehen.

2. IDEENFINDUNG

An der Ideenfindung nehmen möglichst mehrere
Personen teil, wobei eine Person die Moderation
übernimmt. Zu Beginn wird das Ziel definiert und er-
klärt. Wichtig ist, dass jede Idee aufgeschrieben und
nicht bewertet wird. Denn es sollen spontan viele
unterschiedliche Ideen entstehen, ohne diese direkt
auf die Umsetzbarkeit zu überprüfen.

3. VORAUSWAHL UND ÜBERPRÜFUNG AUF UMSETZBARKEIT

Besprechen Sie gemeinsam nochmals alle Vorschläge und treffen eine Vorauswahl von zwei bis drei
Ideen, die am besten gefallen und sich realisieren
lassen.

4. FINALE AUSARBEITUNG

Die finale Ausarbeitung stellt genau dar, welches
Thema wie umgesetzt werden soll. Dazu wird jeweils eine Materialliste erstellt, in der Materialien,
Größen, Stückzahlen und eine Kostenschätzung
aufgeführt werden. Erst dann legen Sie sich auf ein
endgültiges Fensterthema fest.

5. MATERIALEINKAUF

Je früher die Materiallisten fertiggestellt werden
umso mehr Zeit haben Sie, alle Materialien genau
nach Ihren Wünschen zum optimalen Preis zu
bekommen. Bedenken Sie, dass individuell gefertigte
Materialien oft nicht teurer sind als das Material von
Dekorations-Firmen.

Einheitliche Schaufens-
terthemen: Inszenieren
Sie Story und Image
Ihrer Marke.

FENSTERAUFBAU

Wir unterscheiden bei Schaufenstern zwischen „offenen", „teilweise offenen" und „geschlossenen" Fenstern, die jeweils ihre Vor- und Nachteile haben.

Offene Fenster zeigen dem Betrachter neben dem Schaufenster auch den Innenbereich. Fenster und Verkaufsfläche sind nicht durch Wände abgetrennt. In diesem Fall muss die an das Fenster anschließende Fläche immer perfekt aussehen, da sie jederzeit von außen zu sehen ist. Die Dekoration im Fenster wirkt schneller unruhig, weil der Blick vom Innenbereich abgelenkt wird. Das Licht im Schaufenster geht zum Teil im Innenbereich verloren. Dafür baut diese Form der Schaufenster die Schwellenangst ab und es gelangt mehr Tageslicht in den Verkaufsraum.

Teilweise geschlossene Fenster heben die Dekoration hervor und zeigen einen Teil des Innenbereichs. Die Schaufenster wirken ruhiger und die Schwellenangst wird genommen. Dieser Aufbau bringt ebenfalls Tageslicht auf die Verkaufsfläche.

Geschlossene Fenster zeigen ein Thema mit klarer Aussage und ohne Ablenkung. Die Kunden können das Geschäft nicht einsehen und müssen allein durch das Schaufenster überzeugt werden.

Der Fensteraufbau kann symmetrisch oder asymmetrisch sein. Beim symmetrischen Aufbau wird die Ware wiederholt und gleichmäßig verteilt. Damit stellen Sie Ordnung und Harmonie im Fenster sicher. Es kann jedoch schnell monoton und langweilig wirken. Der asymmetrische, unregelmäßige Aufbau bringt mehr Spannung in ein Fenster.

PORSCHE DESIGN

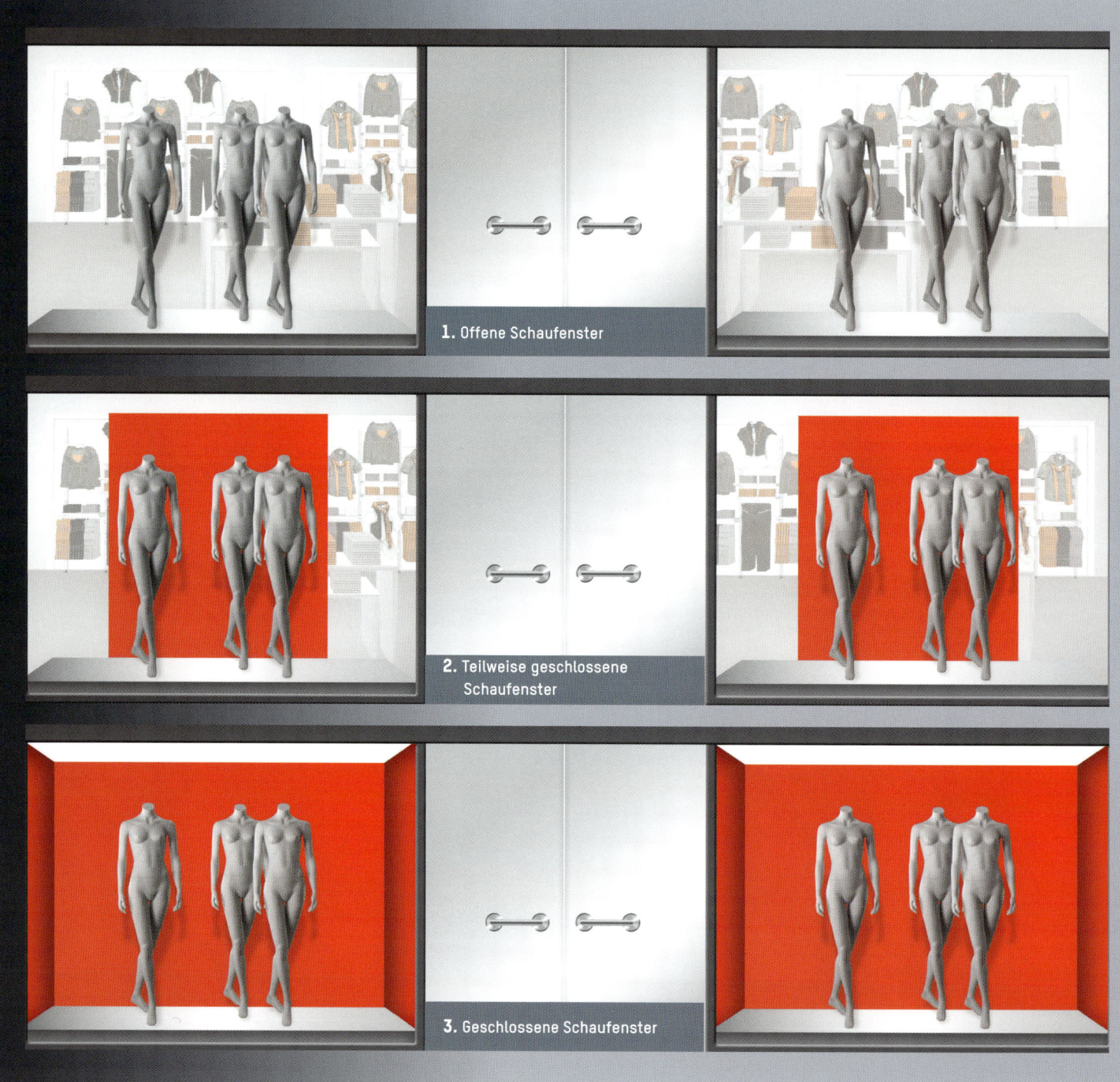

1. Offene Schaufenster

2. Teilweise geschlossene Schaufenster

3. Geschlossene Schaufenster

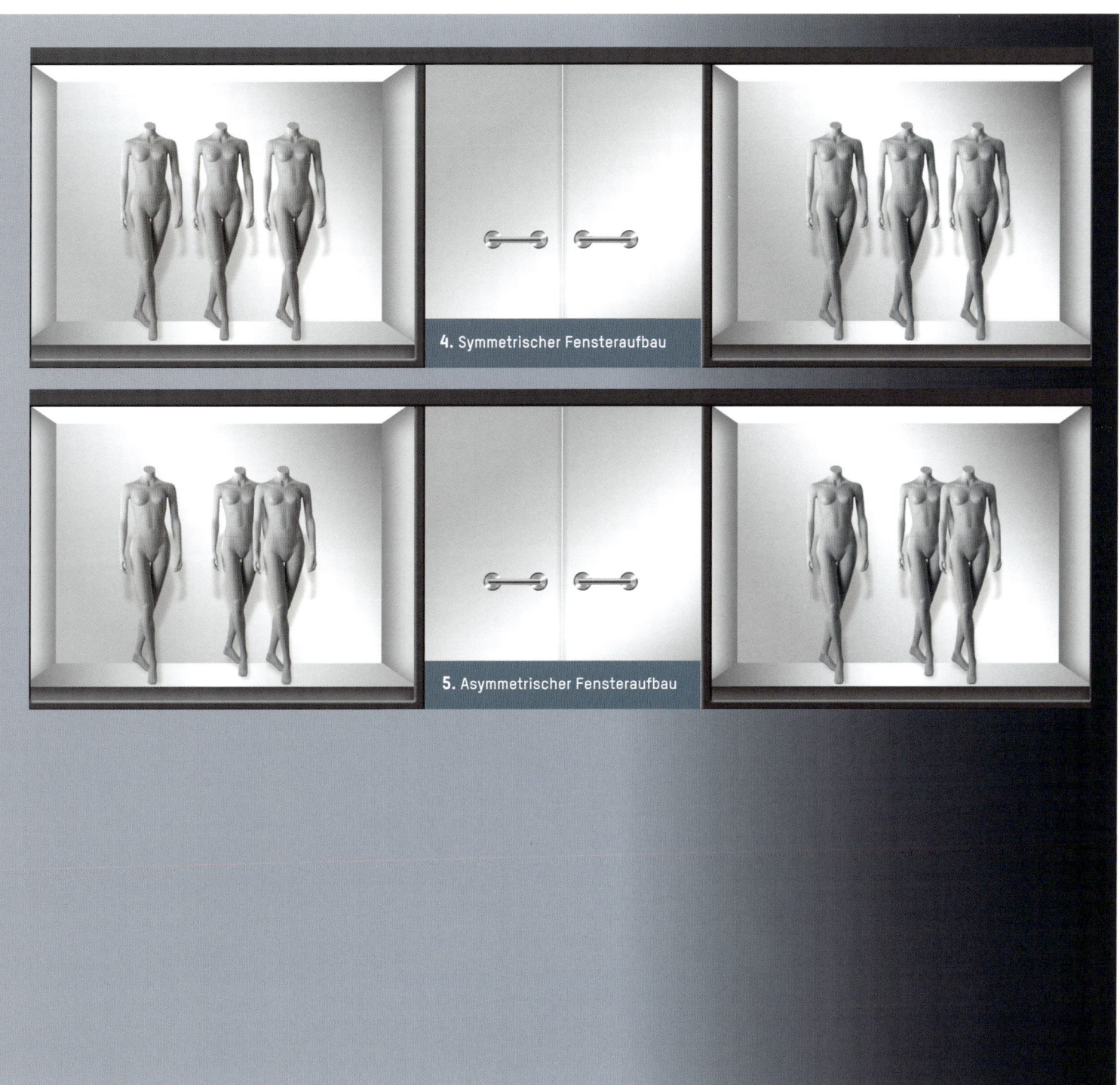

4. Symmetrischer Fensteraufbau

5. Asymmetrischer Fensteraufbau

PYRAMIDENAUFBAU

Mit dem Pyramidenaufbau schaffen Sie eine span-
nungsgeladene Aufteilung. Alle Elemente werden
versetzt hinter- und nebeneinander gruppiert. Das
schafft Ordnung und Ruhe und bringt Tiefe ins
Fenster. Der aufmerksamkeitsstärkste Punkt liegt
immer auf Augenhöhe.

Wenn mehrere Mannequins in einem Schaufenster
stehen, positionieren Sie diese so, dass eine aktive
Gruppendynamik im Fenster erkennbar ist. Der
vorbeilaufende Kunde soll sich, egal aus welcher
Richtung kommend, von den Mannequins ange-
schaut fühlen.

WARENDEKORATION

Wählen Sie die Produkte gut und passend aus:
gleiches Programm, gleiche Kategorie, gleicher Stil,
gleiche Farben, etc. Verwenden Sie in jedem Fenster
etwa zwei bis vier Farben, die sich in allen Kombinationen einer Gruppe wiederfinden. Präsentieren
Sie diese mit Accessoires und im Lagenlook. Damit
lassen sich Farbakzente setzen, um die Farben eines
Themas in allen Kombinationen aufzugreifen.

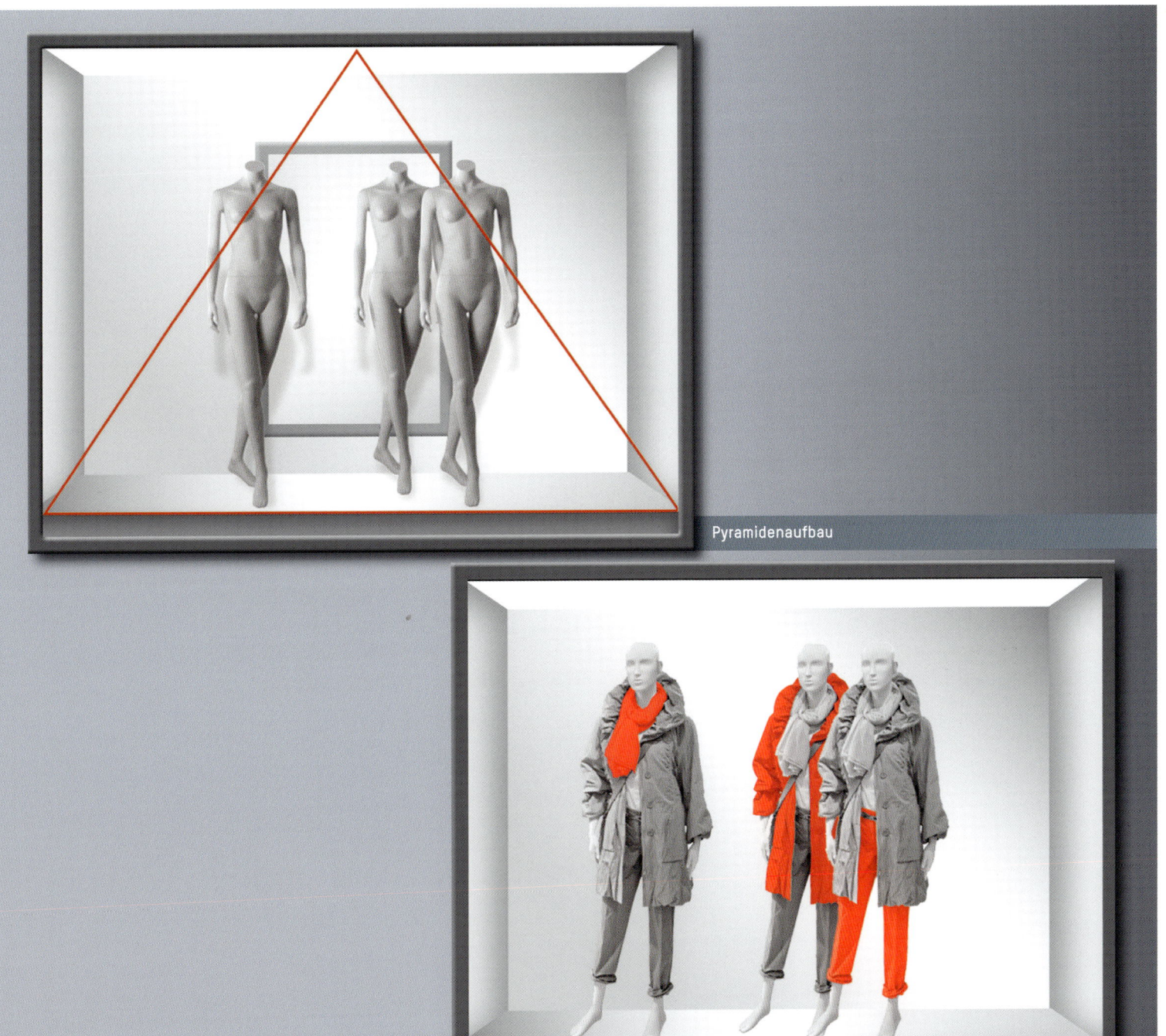

Pyramidenaufbau

Durchgängiges Farbthema

Wechseln Sie die Fensterware nach Möglichkeit alle 10 – 15 Tage, um den Kunden immer neue Anregungen zu geben. Dekorieren Sie die Ware so, wie sie getragen wird und heben Sie besondere Details hervor. Präsentiert wird ausschließlich fehlerfreie, gebügelte Ware ohne sichtbare Etiketten und Sicherungen. Ein Fensterbuch mit allen Artikelnummern, Farben und Größen sorgt für den Überblick, ohne für jede Kundenanfrage ins Fenster gehen zu müssen.

Setzen Sie Dekorationselemente wie Mannequins, Büsten, Tische und Warendisplays ein, um die Produkte optimal zu präsentieren. Mannequins gibt es in allen Variationen: natürlich oder stilisiert, mit Perücke, modellierten Haaren oder stilisierten Köpfen. Da Mannequins sehr empfindlich sind, legen Sie Ringe und Schmuck ab oder tragen Sie Handschuhe, wenn umdekoriert wird. Je matter die Lackierung, umso kratzempfindlicher ist diese.

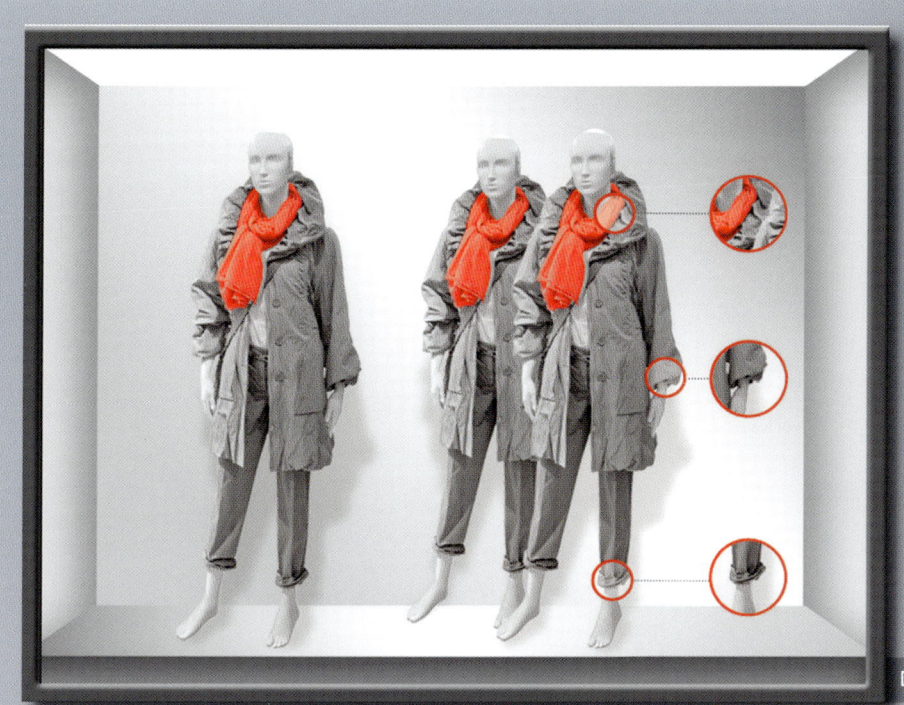

Details der Ware hervorheben

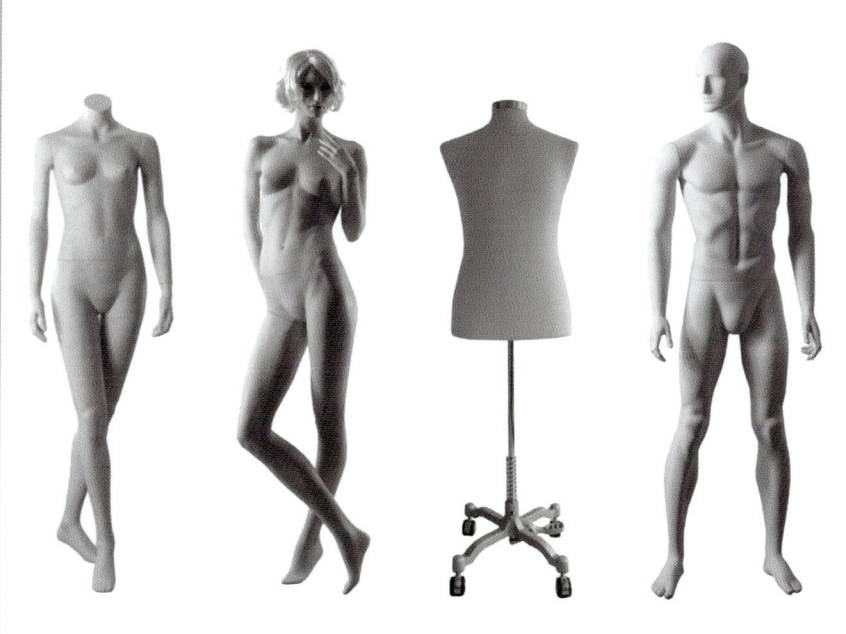

Dekorationselemente für Warendekoration

Schneiderbüsten kommen eher für traditionelle Ware zum Einsatz. Mit Seidenpapier und Nadeln werden möglichst realistische Arme und Beine geformt.

Zum Modellieren der Arme und Beine gehen Sie wie folgt vor:

1. Legen Sie drei Bögen Seidenpapier locker aufeinander.

2. Greifen Sie alle zusammen an einer Stelle und schütteln Sie die Bögen, bis sie wie eine Spitztüte oben zusammen laufen.

3. Nehmen Sie einen weiteren Bogen Seidenpapier, in den Sie die soeben entstandene Spitztüte einrollen.

4. Formen Sie nun die breite Seite zu einem Schulterpolster.

5. Schieben Sie das Seidenpapier mit der spitzen Seite voran durch den Kragen in den Ärmel.

6. Fixieren Sie das Schulterpolster mit einer Nadel auf der Schulter der Schneiderbüste und bringen Sie die Armhaltung in eine realistische Form.

1. Seidenpapier locker aufeinander legen

2. Bögen schütteln

3. Mit weiterem Bogen einrollen

4. Schulterpolster formen

5. Seidenpapier-Arm einführen

6. Arm realistisch modellieren

TOPSHOP

BELEUCHTUNG

Die optimale Beleuchtung hängt von der Art der zu beleuchtenden Objekte und deren Größe und Verteilung ab. Dabei ist insbesondere deren unterschiedliche Gewichtung in der dargestellten Szenerie entscheidend. Es ist zu berücksichtigen, dass dunkle Farben Licht absorbieren und deshalb stärker beleuchtet werden müssen. Spiegelnde Elemente reflektieren Licht, können also blenden und müssen daher schwächer beleuchtet werden. Im Optimalfall ist das Schaufenster immer heller als das Licht draußen, in dem sich der Betrachter befindet.

Im Schaufenster wird eine Kombination aus funktionaler Allgemeinbeleuchtung und emotionaler Effekt- bzw. Akzentbeleuchtung eingesetzt. Breitstrahlende Reflektoren werden für die Grundbeleuchtung genutzt. Fokussierende Spots heben Details hervor und sorgen mit Licht und Schatten für Spannung und Dramatik.

Die Beleuchtung wird auf den Schaufensterblickfang und die Ware ausgerichtet. Bei Mannequins stärker auf den Oberkörper als auf den Unterkörper. Köpfe und leere Flächen werden nicht angestrahlt. Nach jedem Dekorationswechsel muss die Beleuchtung überprüft und neu auf die Produkte ausgerichtet werden. Defekte Strahler bitte immer sofort auswechseln.

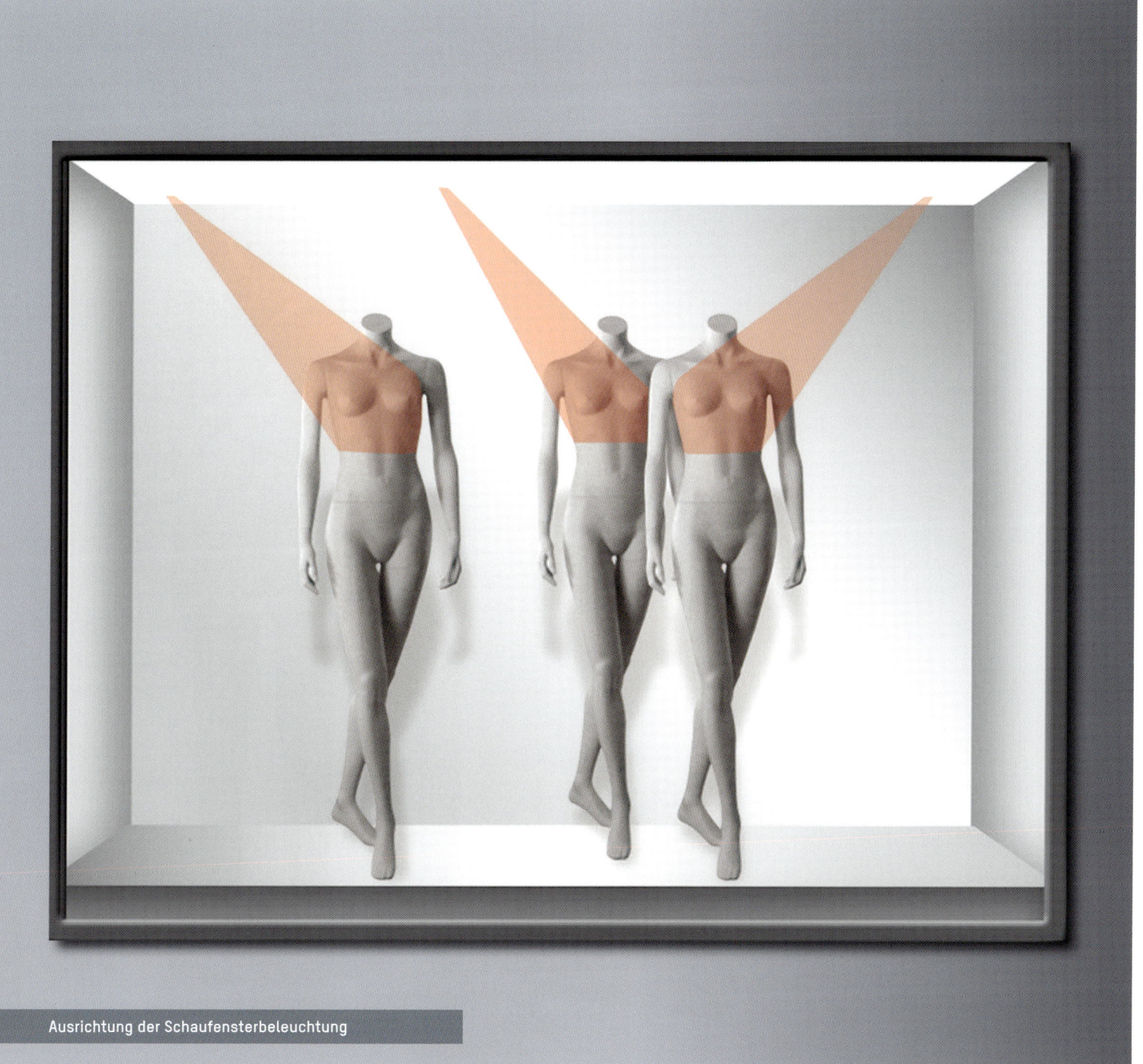

Ausrichtung der Schaufensterbeleuchtung

MARC O'POLO

Marc O'Polo

BESCHILDERUNG

Ware, die im Schaufenster präsentiert wird, muss durch Preisschilder gekennzeichnet werden. Die Artikelbeschreibungen müssen präzise und gut lesbar sein. Sie können auch verkaufsfördernde Produktvorteile angeben, die nicht sofort erkennbar sind, wie beispielsweise die Marke oder das Material.

Die Artikel eines Mannequins führen Sie in folgender Reihenfolge auf: von oben nach unten und von innen nach außen. Z.B. erst das Top, dann die Jacke, als nächstes die Hose und der Gürtel.

Wählen Sie die Schrift passend zum Thema oder zur Marke aus und verzichten Sie auf handgeschriebene Texte. Das wirkt unprofessionell. Allgemein gilt: Groß- und Kleinschreibung ist besser lesbar als nur Großschreibung, und Schreibschriften sind schwerer zu lesen als gerade Formen.

Setzen Sie einheitliche Preisaufsteller ein, die Sie parallel zur Schaufensterscheibe ausrichten.

BEKLEBUNG

Mit Beklebungen der Scheibe schaffen Sie eine zusätzliche Ebene der Schaufenstergestaltung. Diese bringt Tiefe in die Fenster. Wählen Sie die Schrift passend zum Thema oder zur Marke aus und berücksichtigen Sie, dass Groß- und Kleinschreibung besser lesbar ist als nur Großschreibung und dass Schreibschriften schwerer zu lesen sind als gerade Formen.

Von außen montierte Beklebungen sind besser sichtbar als Beklebungen, die von innen an die Scheibe geklebt wurden. Außerdem steht für die Montage außen in der Regel mehr Platz zur Verfügung. Es gibt zwei Arten, um Beklebungen zu montieren: Kleine Flächen und Einzelbuchstaben werden trocken geklebt, größere Flächen werden nass geklebt.

ANLEITUNG „TROCKEN KLEBEN"

1. Reinigen Sie die Fläche gründlich. Der Untergrund muss glatt, sauber, fettfrei und trocken sein.

2. Vor dem Anbringen der Klebebuchstaben muss die Übertragungsfolie nochmals fest an die Beklebung gerieben werden.

3. Die Aufkleberposition wird ausgemessen und mit Kreppband an der richtigen Stelle befestigt.

4. Klappen Sie den Aufkleber nach oben und entfernen Sie vorsichtig die Schutzfolie.

5. Reiben Sie die Beklebung von der Mitte ausgehend vorsichtig nach links und rechts mit einem Rakel an.

6. Die Übertragungsfolie und das Kreppband können nun vorsichtig entfernt werden.

1. Fläche reinigen

2. Übertragungsfolie prüfen

3. Aufkleber positionieren

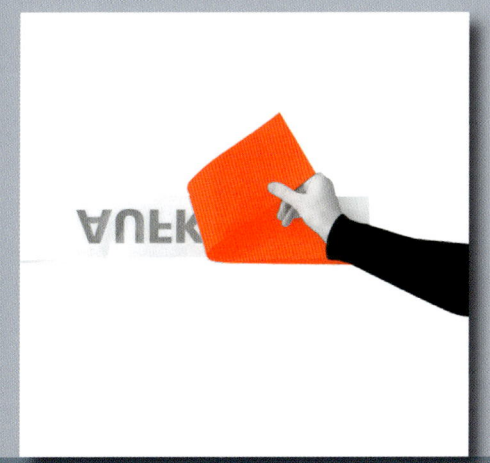

4. Schutzfolie entfernen

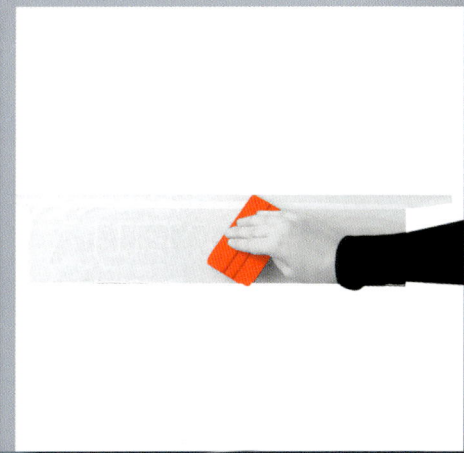

5. Rakeln

6. Übertragungsfolie entfernen

ANLEITUNG „NASS KLEBEN"

1. Reinigen Sie die Fläche gründlich. Der Untergrund muss glatt, sauber, fettfrei und trocken sein.

2. Mischen Sie in einem Eimer fünf Liter Wasser mit einem Teelöffel Spülmittel.

3. Nun wird die Aufkleberposition ausgemessen und mit Kreppband an den Ecken gekennzeichnet.

4. Entfernen Sie die Schutzfolie vorsichtig und tragen Sie das Wasser mit Spülmittel flächendeckend auf die Klebeseite und den ausgewählten Fensterbereich auf.

5. Positionieren Sie den Aufkleber an den gekennzeichneten Ecken.

6. Als nächstes wird das Wasser unter der Beklebung mit einem Rakel herausgedrückt. Und zwar von der Mitte ausgehend vorsichtig nach links und rechts zum Rand. Es kann bis zu drei Tagen dauern, bis die Beklebung die endgültige Klebekraft besitzt.

1. Fläche reinigen

2. Wasser vorbereiten

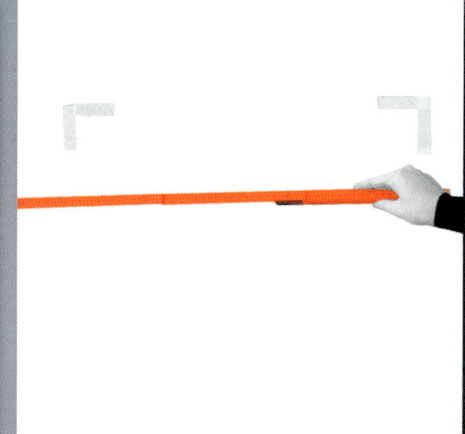

3. Aufkleberposition kennzeichnen

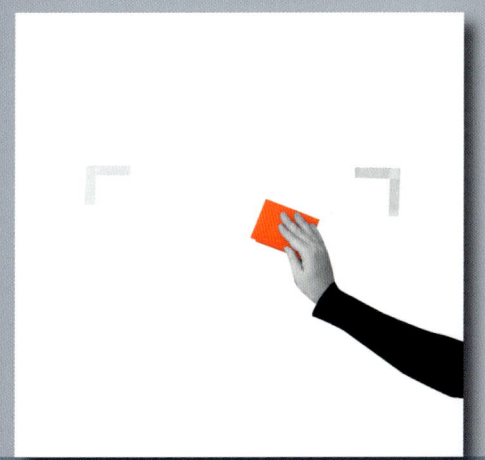

4. Wasser auftragen

5. Aufkleber positionieren

6. Rakeln

VERKAUFSRAUM-AUFTEILUNG

VERKAUFSRAUM
AUFTEILUNG

Durch eine geschickte Verkaufsraumaufteilung kann der Umsatz auf der Fläche deutlich gesteigert werden.

Durch die Aufteilung des Verkaufsraums wird dieser strukturiert und eine Gesamtübersicht ermöglicht. Dabei wird die gesamte Fläche in verschiedene Funktionsbereiche unterteilt: Warenpräsentation, Laufwege, Kassenbereich, etc.

Alle Bereiche sollen eine hohe Kundenzirkulation ermöglichen sowie die Frequenz und die Verweildauer der Kunden erhöhen. Ziel ist es, den Umsatz zu steigern und eine nachhaltige Markenbildung zu schaffen. Je klarer und logischer die Aufteilung des Verkaufsraums, umso weniger Bedarf an Verkaufsmitarbeitern ist gegeben.

Grundsätzlich gilt, dass die beste Ware immer auf der besten Fläche gezeigt wird. Somit befindet sich im vorderen Bereich der Verkaufsfläche meist die Ware, nach der am häufigsten gefragt wird.

Bei einem Verkaufsraum über mehrere Etagen ist zu beachten, dass Treppen und Fahrstühle für die Kunden ein Hindernis darstellen. Hier muss das Interesse geweckt werden, die anderen Etagen zu besuchen. Es hat sich bewährt, preisgünstige Ware im Untergeschoss und preislich hoch angesiedelte Ware im Obergeschoss zu präsentieren.

WORMLAND

ZARA

FLÄCHENKATEGORISIERUNG

Definieren Sie, welche Warengruppen und Artikel in welcher Breite und Tiefe angeboten werden. Berücksichtigen Sie bei der Positionierung auf der Verkaufsfläche die starken und schwachen Bereiche.

Starke Bereiche sind die Bereiche entlang der Laufzone und die rechts vom Kunden liegenden Bereiche.

Schwache Bereiche sind Mittelgänge, links vom Kunden liegende Bereiche, Sackgassen sowie höhere und tiefere Etagen.

Ordnen Sie die Produkte so an, wie sie aus Sicht des Kunden zusammengehören und orientieren Sie die Anordnung der Sortimentsbereiche am Einkaufsverhalten. Mögliche Kriterien zur Warenplatzierung sind beispielsweise Geschlecht, Käuferzielgruppe, Materialart, Neuheit, Aktion, Preisniveau, Erlebnis- oder Markenzusammenhang.

Häufig werden die Warenträger an der Laufzone für neue Kollektionen und Angebote genutzt. Der mittlere Bereich der Warenträger für Basics und auslaufende Kollektionen. Die Rückwände eignen sich besonders zur Präsentation von neuen Themen oder zur Darstellung der Kompetenz innerhalb einer Produktgruppe. Bedenken Sie, dass nicht jedes Möbel für jede Ware geeignet ist.

LAUFWEGE UND MÖBELSTELLUNG

Durch ein Kundenleitsystem soll es Ihren Kunden erleichtert werden, sich selbstständig im Verkaufsraum zurechtzufinden und an einer maximalen Warenmenge vorbei geführt zu werden. Das ist notwendig, weil so Personalkosten im Verkauf gespart werden können und Kunden häufig kein Beratungsgespräch wünschen.

Bei den Laufwegen wird, je nach Grundfläche des Verkaufsraums, zwischen One-Way und Loop unterschieden. Der One-Way, die Einbahnstraße, eignet sich besonders für schmale Grundrisse. Der Kunde wird auf einem Laufweg bis in den hinteren Bereich der Verkaufsfläche geführt und nutzt denselben für seinen Weg zurück. Beim Loop, dem Rundlauf, wird der Kunde auf einem Laufweg vom Eingang bis zum Ausgang über die gesamte Fläche geleitet.

Die Hauptlaufwege sind, entsprechend der Kundenfrequenz, etwa 1,5 – 2m breit. Auf diesen sollte der Kunde problemlos und einfach alle Abteilungen erreichen. Die Nebenlaufwege sollten mindestens 0,8m breit sein. Diese Maße beziehen sich auf den Abstand von Ärmel zu Ärmel der ausgestellten Ware.

> Ein Kundenleitsystem erleichtert es Ihren Kunden, sich selbstständig im Verkaufsraum zu orientieren.

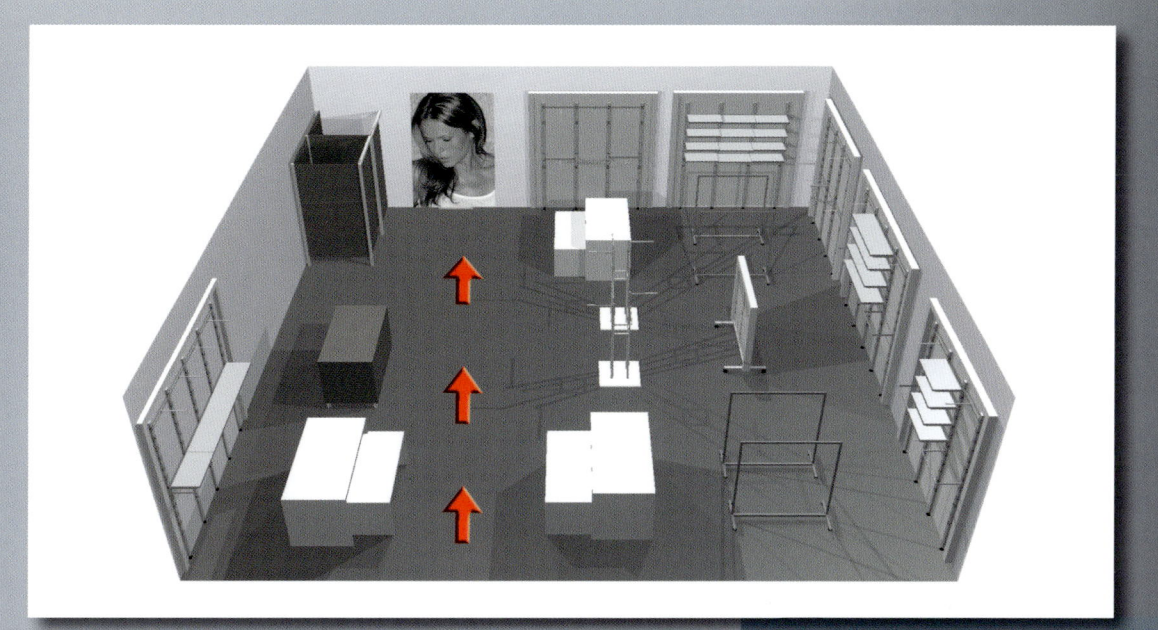

One-Way

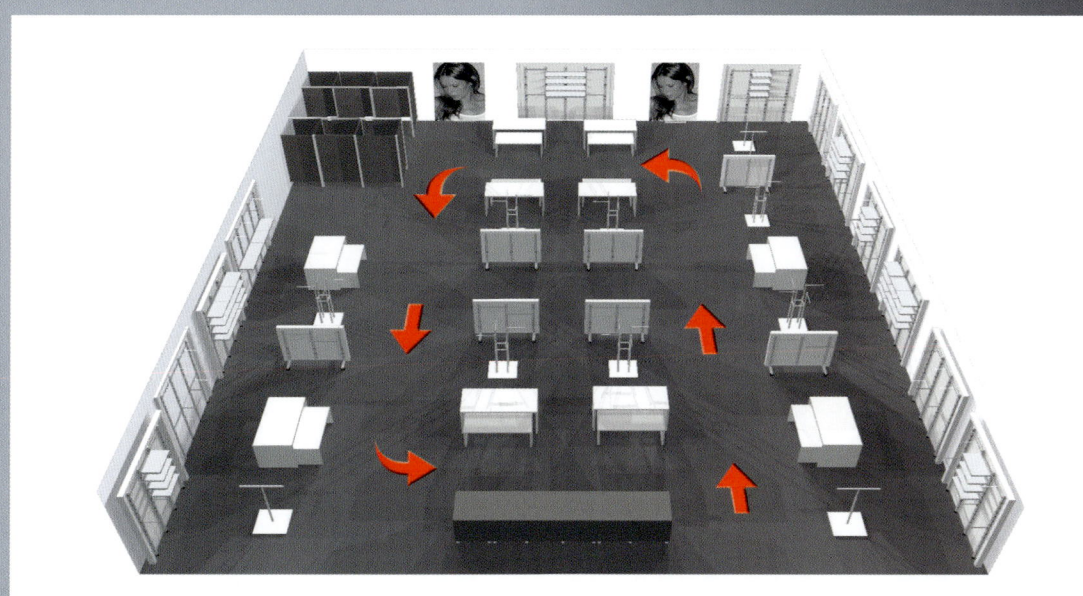

Loop

In frequenzstarken Bereichen wie Eingangsbereich, Kabinen oder Kasse müssen die Laufwege breiter sein. Integrieren Sie Treppen und Aufzüge in die Kundenführung, da diese leicht auffindbar und zugänglich sein sollten. Auch die Kasse muss unbedingt in den Kundenlauf mit einbezogen werden.

Bewegt sich der Kunde auf den Hauptlaufwegen, muss sich in seinem Blickfeld immer ein Attraktionspunkt befinden. Das kann eine Promotion oder ein Faszinationspunkt sein. Diese unterbrechen die Laufwege und leiten den Kunden über die gesamte Verkaufsfläche. Dabei führen Sie ihn auch zu abgelegenen Stellen des Verkaufsraums. Berücksichtigen Sie, dass Kunden sich rechts orientieren und meistens entgegen dem Uhrzeigersinn laufen. Der Blick und die Greifrichtung orientieren sich ebenfalls nach rechts.

Die Laufwege können Sie mit verschiedenen Mitteln kennzeichnen, beispielsweise durch einen sich farblich abhebenden Bodenbelag oder links und rechts vom Laufweg angebrachte Deckenbeleuchtung. Diese beiden Varianten sind jedoch nur wenig flexibel. Unterstützen Sie die Kennzeichnung der Laufwege durch die Möbelstellung. Damit sind Sie sehr flexibel und können die Laufwege jederzeit den sich ändernden Anforderungen anpassen.

Die Warenträger werden exakt und in einheitlicher Flucht am Hauptlaufweg ausgerichtet. Sie werden parallel oder im rechten Winkel zur Laufzone und möglichst auch zur Rückwand positioniert. Zur besseren Wahrnehmung von Treppen werden im angrenzenden Bereich nur überschaubare Möbel eingesetzt.

Alle Möbel werden im Arena-Prinzip angeordnet. D. h. vom Laufweg ausgehend zur Rückwand werden die Möbel vom niedrigsten zum höchsten angeordnet. Tische werden direkt am Hauptlaufweg oder zumindest gut sichtbar platziert. Achten Sie auf einen ansprechenden Mix aus Warenträgern, der auf Ihr Sortiment abgestimmt ist.

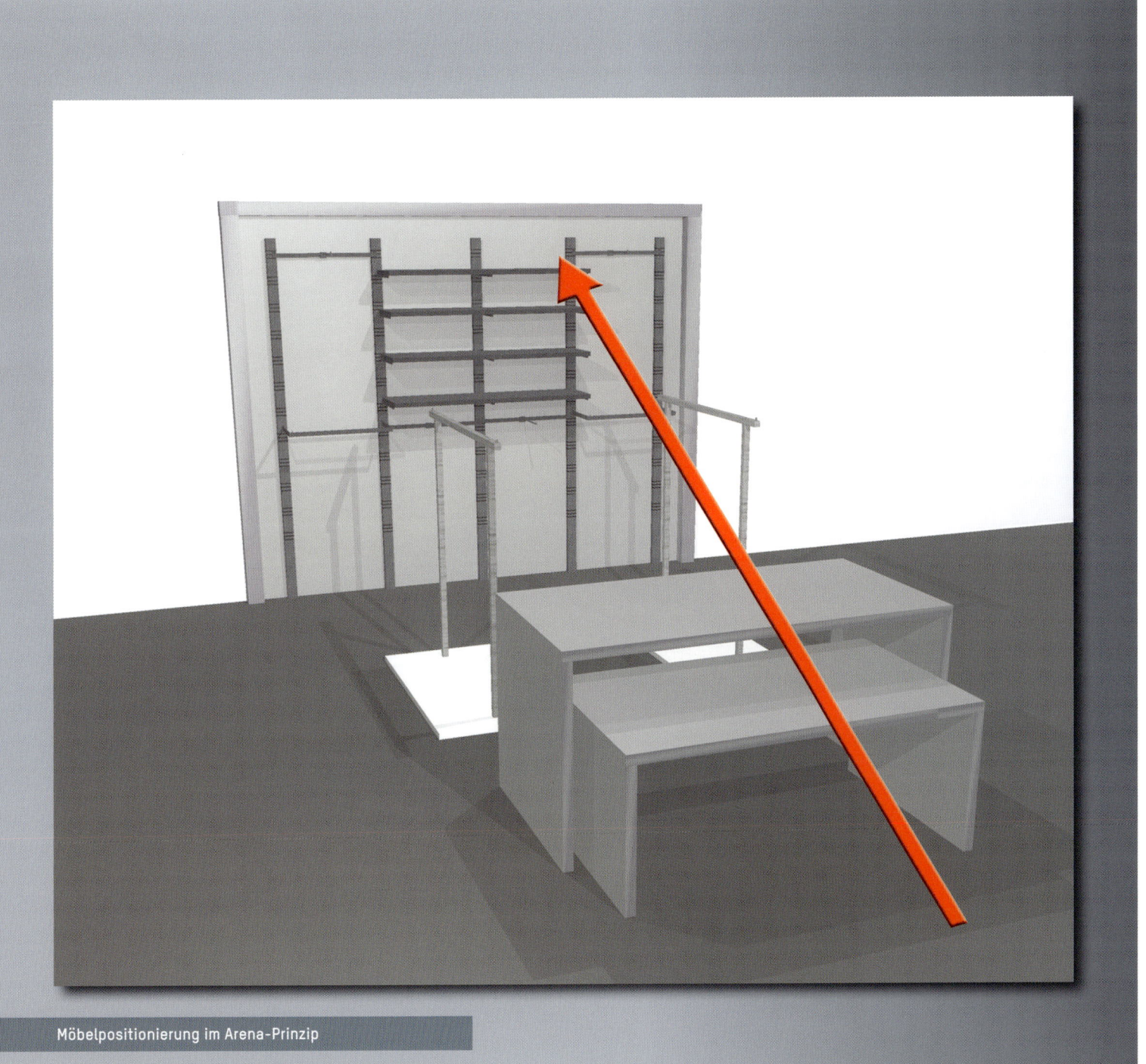

Möbelpositionierung im Arena-Prinzip

S.OLIVER

FASZINATIONSPUNKTE UND PROMOTIONEN

Ein Faszinationspunkt kann ein Bildmotiv, ein Dekorations- oder Aktionspunkt sein und erregt Aufmerksamkeit. Faszinationspunkte haben meistens einen Bezug zur Ware im direkten Umfeld, kennzeichnen dadurch eine Abteilung und dienen der Orientierung. Häufig werden diese im Eingangsbereich, vor Abteilungen oder an Treppen und Aufzügen eingesetzt, um einen Anreiz zu schaffen den jeweiligen Bereich zu betreten.

Eine Promotion bewirbt neue Warenvorschläge, saisonale Produkte oder Preisangebote. Diese werden oftmals gekauft, ohne dass ein wirklicher Bedarf beim Kunden besteht. Positionieren Sie diese an zentralen, frequenzstarken und wichtigen Punkten wie Eingangsbereich, Kabinen oder Kasse.

Mit gut verteilten Faszinationspunkten und Promotionen im Verkaufsraum leiten Sie die Kunden über Ihre gesamte Fläche. Stellen Sie sicher, dass installierte Faszinationspunkte von weitem gut zu sehen und optimal beleuchtet sind. Positionieren Sie diese auch an die Enden der Laufwege, um die Kunden bis dahin zu leiten.

EINGANGSBEREICH

Der Eingangsbereich muss offen und einladend sein. Er muss einen guten Einblick in den Verkaufsraum ermöglichen und die Fenster harmonisch mit dem Innenraum verbinden. Beginnen Sie mit niedrigen Warenträgern oder einem Dekorationspunkt und bieten Sie dem Kunden die Möglichkeit und den ausreichenden Platz, um anzuhalten, zu schauen und sich einen Überblick über die gesamte Fläche zu machen.

Wechseln Sie regelmäßig die Ware im Eingangsbereich, da diese auch von vorbeilaufenden Passanten wahrgenommen wird. Somit vermitteln Sie den Eindruck, ständig neue Ware anzubieten. Achten Sie darauf, dass der Eingangsbereich, die Sicherungsanlage und die Sauberlaufzone immer sauber sind und einen gepflegten ersten Eindruck vermitteln.

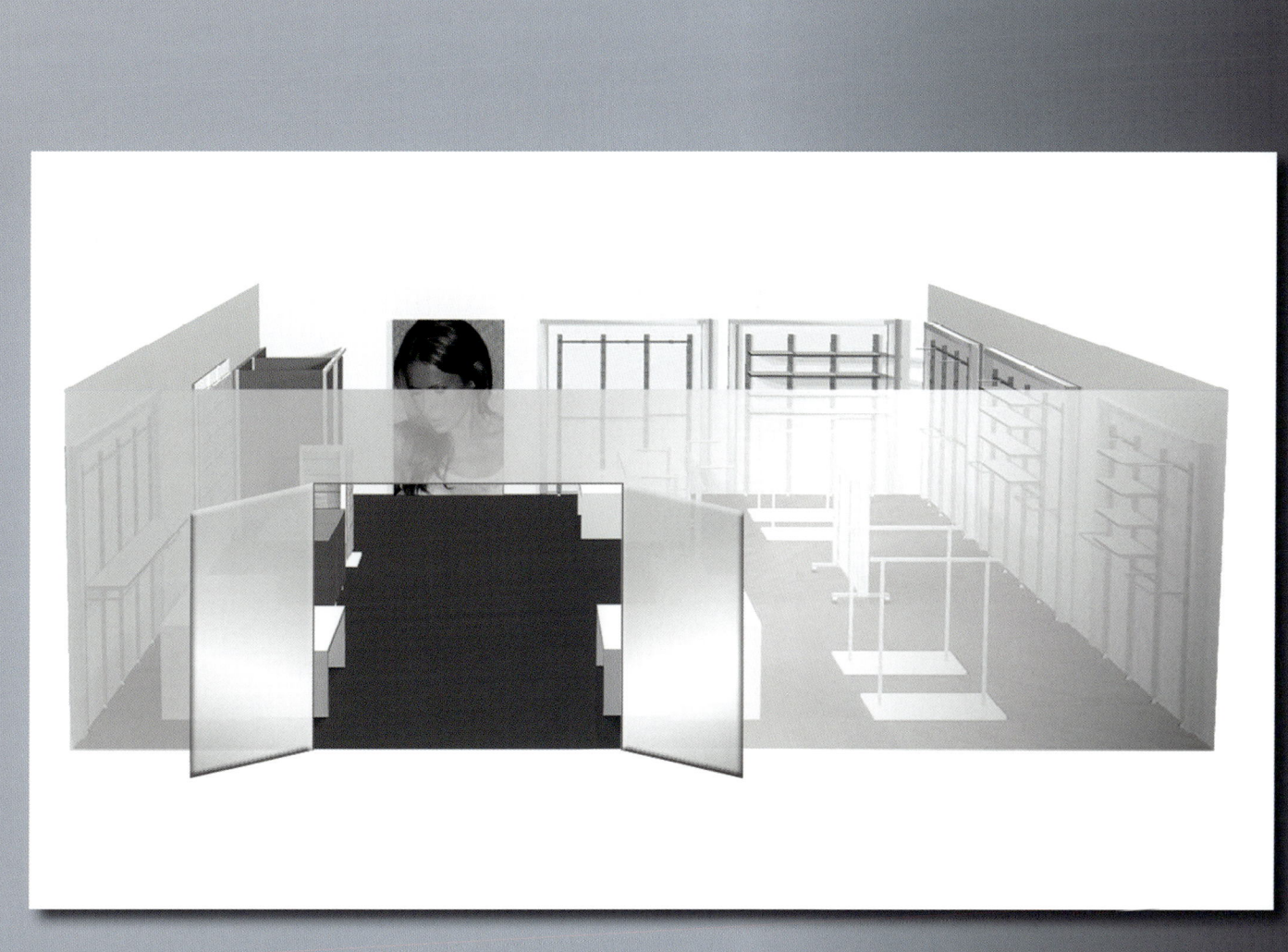

Faszinationspunkte, wie hier bei Topshop, schaffen Orientierungshilfe und Bezug zum Warenumfeld.

PRÄSENTATIONSFORMEN UND -REGELN

PRÄSENTATIONSFORMEN
UND -REGELN

Durch den richtigen Einsatz der verschiedenen Warenpräsentationsformen können Sie Ihre Artikel umsatzsteigernd präsentieren.

FRONTPRÄSENTATION

Die Frontpräsentation ist innerhalb einer jeden Rückwand die erfolgreichste Fläche. Deshalb sollten Sie hier unbedingt Neuheiten oder Bestseller zeigen. Denn auf den erfolgreichsten Flächen wird immer die beste Ware präsentiert. Gleichzeitig dient die Frontpräsentation dazu, die Themenbotschaft optimal darzustellen, indem Sie die Ware als Kombinationsvorschlag zeigen. Aber denken Sie daran: Kombinieren Sie die Ware so, wie sie auch getragen wird. In der Frontpräsentation wird die Ware innerhalb eines Artikels von vorne nach hinten, mit der kleinsten Größe beginnend, sortiert.

MARC O'POLO

SEITENPRÄSENTATION

In der Seitenpräsentation lässt sich besonders viel Ware unterbringen. Durch eine einheitliche Hänge-richtung erleichtern Sie den Kunden das Einkaufen. Dabei zeigt die Frontseite der Artikel nach links und das letzte Teil auf jeder Querstange wird umgedreht, um dem Kunden somit die Frontseite eines Artikels zu zeigen. Sortieren Sie die Ware innerhalb eines Artikels von links nach rechts, mit der kleinsten Größe beginnend.

LEGEPRÄSENTATION

Zur Legepräsentation eignen sich besonders gut Basics, T-Shirts, Strickartikel und Jeans. Achten Sie darauf, dass die Stapel möglichst einheitlich hoch und einheitlich breit sind. Überlegen Sie sich bei jedem Artikel, wie Sie ihn falten, um Besonderheiten wie beispielsweise eine Stickerei sofort sichtbar zu machen. Die gelegte Ware wird innerhalb eines Stapels von oben nach unten, mit der kleinsten Größe beginnend, sortiert.

Die Seitenpräsentation ist gut geeignet, um besonders viel Ware unterzubringen.

Seitenpräsentation

Legepräsentation

FALTTECHNIK LANGARM-OBERTEIL

1. Drehen Sie das Oberteil um und breiten Sie es ganz aus.
2. Schlagen Sie eine Seite faltenfrei um.
3. Falten Sie den Ärmel nach unten.
4. Schlagen Sie die zweite Seite um und richten Sie auch hier den Ärmel nach unten aus.
5. Halbieren Sie das entstandene Rechteck.
6. Drehen Sie das Teil um und richten Sie ggf. den Kragen.

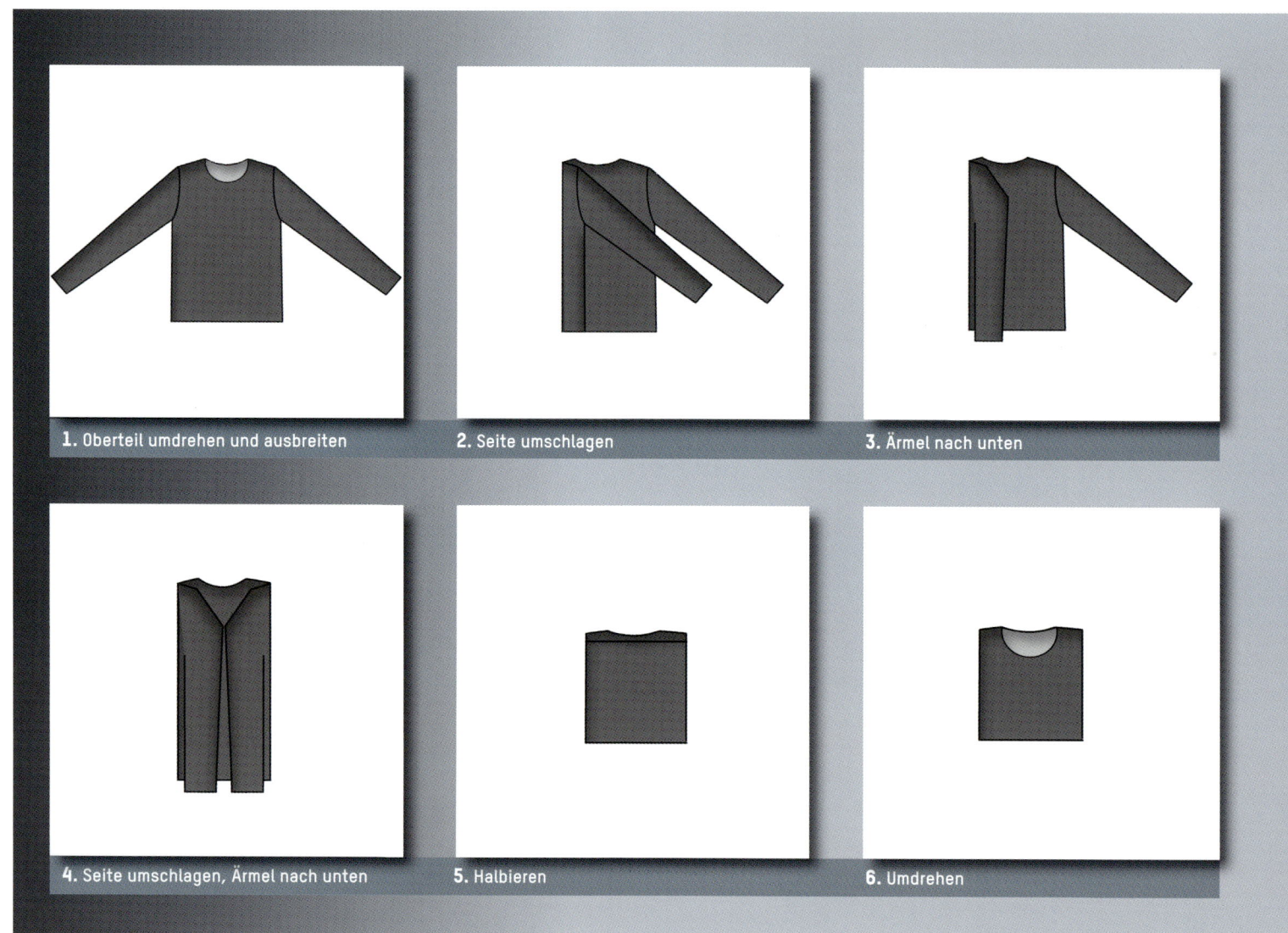

1. Oberteil umdrehen und ausbreiten
2. Seite umschlagen
3. Ärmel nach unten
4. Seite umschlagen, Ärmel nach unten
5. Halbieren
6. Umdrehen

FALTTECHNIK KURZARM-OBERTEIL

1. Drehen Sie das Oberteil um und breiten Sie es ganz aus.
2. Schlagen Sie eine Seite faltenfrei um.
3. Schlagen Sie auch die zweite Seite faltenfrei um.
4. Dritteln Sie das Teil vom unteren Ende aus.
5. Schlagen Sie das obere Drittel nach unten um.
6. Drehen Sie das Teil um.

1. Oberteil umdrehen und ausbreiten
2. Seite umschlagen
3. Seite umschlagen
4. Dritteln
5. Erneut dritteln
6. Umdrehen

FALTTECHNIK HOSE

1. Breiten Sie die Hose vor sich aus.
2. Schlagen Sie die Hosenbeine übereinander.
3. Schlagen Sie das untere Drittel um.

4. Legen Sie auch das mittlere Drittel um.
5. Drehen Sie die entstandene Form um.
6. Stapeln Sie die Hosen sauber übereinander.

1. Hose ausbreiten
2. Beine übereinander
3. Unteres Drittel umlegen
4. Mittleres Drittel umlegen
5. Umdrehen
6. Stapeln

S.OLIVER

FARBREIHENFOLGE

Präsentieren Sie verschiedene Farben eines Artikels zusammen, diese werden im harmonischen Farbverlauf von hell nach dunkel gezeigt. Und zwar von links nach rechts und von oben nach unten.

Orientieren Sie sich dabei am Farbkreis um ein ruhiges und ansprechendes Farbbild zu gestalten. Diese Farbreihenfolge eignet sich auch sehr gut für reduzierte Ware, da auch mit Einzelteilen ein harmonisches Farbbild geschaffen wird.

Ruhig, ordentlich und vielfältig: Mit der richtigen Präsentation ist das kein Widerspruch.

WARENPFLEGE

Schließen Sie Gürtel, Knöpfe und Reißverschlüsse der Ware, damit diese nicht wie bereits getragen erscheint. Achten Sie darauf, dass Kragen ordentlich aussehen und die Etiketten in die Ware gesteckt werden. Sicherungen werden bei jeder Warengruppe einheitlich und für den Kunden so wenig wie möglich sichtbar befestigt.

Bei vielen Artikeln bietet es sich an, diese ohne transparente Schutzverpackung zu präsentieren. Diese lässt die Artikel häufig weniger wertvoll erscheinen. Im Schaufenster und im Verkaufsraum wird ausschließlich fehlerfreie und saubere Ware gezeigt.

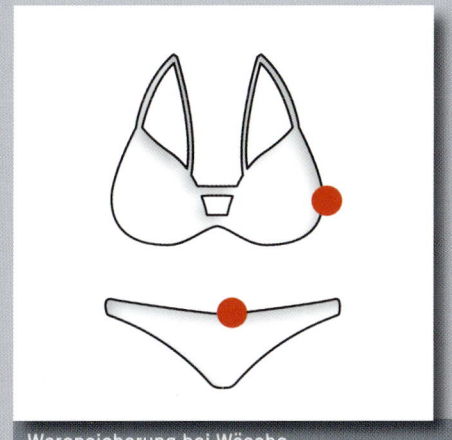

Warensicherung bei Wäsche

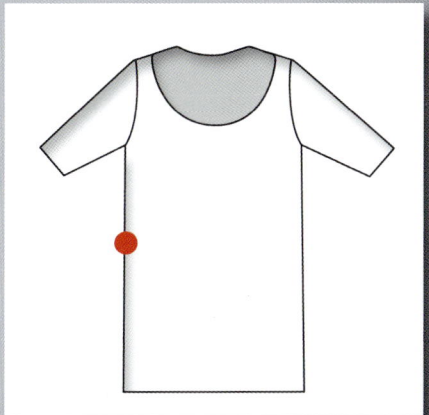

Warensicherung bei Tops und T-Shirts

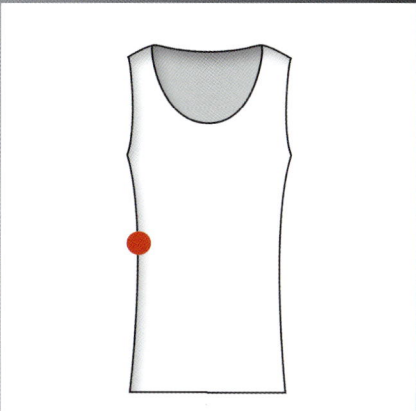

Warensicherung bei Pullovern

Warensicherung bei Jacken

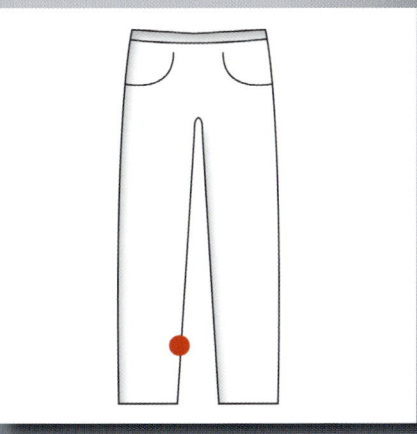

Warensicherung bei Hosen

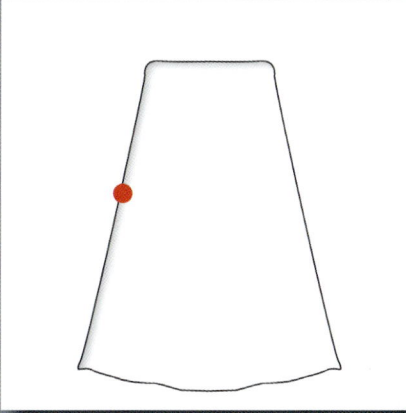

Warensicherung bei Röcken

RÜCKWÄNDE

LAURÈL

RÜCK
WÄNDE

Rückwände transportieren weithin sichtbare
Abteilungs- oder Markenbotschaften.

Die Rückwände dienen als Abteilungshinweis und
sind optimal, um das Image eines Geschäftes, einer
Abteilung oder Marke zu transportieren. Beim Betreten eines Geschäftes oder einer Abteilung zeigen
uns die Rückwände, was im jeweiligen Bereich zu
erwarten ist: Damen- oder Herrenbekleidung, Basics
oder High-Fashion, etc.

Die Größe und Anzahl der Rückwände ist abhängig
vom Flächenlayout, von der Flächengröße und der
Anzahl der Modethemen oder Marken. Teilen Sie
die Rückwände mit Unterbrechungen in einzelne
Abteilungen und Themenbereiche auf. Das schafft
Übersichtlichkeit, es vereinfacht die Orientierung
und dadurch die Selbstbedienung. Versuchen Sie,
innerhalb einer Abteilung, die Rückwandelemente
wie Stangen und Regalböden in einheitlichen Höhen
zu befestigen, um so Ruhe und Ordnung in das Gesamtbild zu bringen.

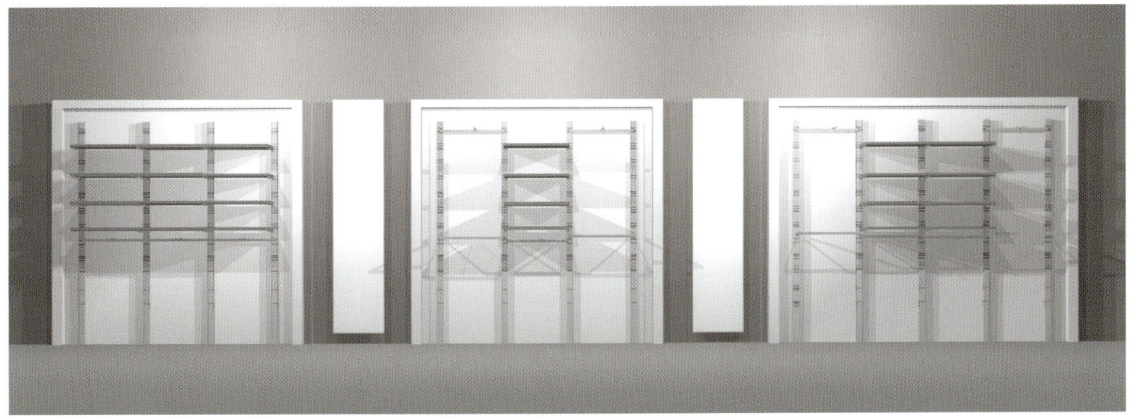

Rückwände mit
gleichmäßgen Unter-
brechungen.

EBENEN

Jede Rückwand lässt sich in drei Ebenen mit unterschiedlichen Funktionen aufteilen:

Die obere Ebene ist die Ebene mit der größten Fernwirkung. Hier erkennt der Kunde schon von weitem, welche Abteilung oder welche Ware ihn in der Rückwand erwartet. Dieser Bereich wird als Informationsebene für Abteilungs- oder Markenbeschilderung, Bildmotive, Dekorationen oder als Oberlager verwendet.

In der mittleren Ebene wird das Warenthema einer Rückwand dargestellt. Die Präsentation dieser Ebene entscheidet darüber, ob ein Kunde sich die einzelnen Artikel einer Rückwand anschaut. Setzen Sie hier die Front- und Legepräsentation ein und verzichten Sie auf die Seitenpräsentation. Diese wirkt in der mittleren Ebene zu schwer. Achten Sie darauf, dass sich die Ware in einer zumutbaren Griffhöhe befindet und sich die Kunden selbstständig bedienen können.

In der unteren Ebene lässt sich besonders viel Ware unterbringen. Je nach Ware und Warenmenge können hier alle drei Präsentationsformen angewandt werden.

TOMMY HILFIGER

KOMBINATIONSRÜCKWAND

In der Kombinationsrückwand wird ein Farbthema oder Stil gezeigt. Die Rückwand, die zuerst wahrgenommen wird, bestücken Sie mit dem aktuellsten oder besten Warenthema. Die Ware, die sich am besten verkauft, sollte auch immer auf der besten Fläche gezeigt werden. So erzielen Sie einen maximalen Umsatz.

Die Themenbotschaft einer Rückwand erfolgt über Frontpräsentationen, Dekorationen und Visuals. Verändern Sie die Rückwandthemen regelmäßig und tauschen Sie die Ware in der Frontpräsentation und Dekoration möglichst wöchentlich aus. So bekommt auch der Stammkunde den Eindruck, dass Sie immer neue Ware anbieten.

Präsentieren Sie die Ware in der Rückwand so, dass sich möglichst alle Artikel miteinander kombinieren lassen. Integrieren Sie auch Accessoires, um dem Kunden die Zusammenstellung eines Outfits zu ermöglichen. Beachten Sie dabei, dass Sie je nach Stil nicht zu viele verschiedene Muster innerhalb einer Rückwand verwenden.

Für einen spannenden Aufbau kombinieren Sie hängende mit gelegter Ware. Ordnen Sie die Stapel der gelegten Ware in horizontalen oder vertikalen Farbreihen an, um ein harmonisches Farbbild zu erzielen. In der Seitenpräsentation unterscheiden wir zwischen dem rhythmischen und dem symmetrischen Aufbau.

Beim **rhythmischen Aufbau** wird die Ware in Outfits gezeigt. D. h., die Artikel werden so gehängt, wie sie getragen werden. Und zwar von oben nach unten und von außen nach innen. Beispiel: Erst der Blazer, dann das Top und dann die Hose.

Rhythmischer Warenaufbau in der Seitenpräsentation

Der **symmetrische Aufbau** ist besonders gut geeignet, wenn der Anteil von Ober- und Unterteilen unterschiedlich ist. Dabei werden Farbblöcke aus mindestens fünf Teilen gebildet, die symmetrisch auf die Seitenpräsentation einer Rückwand verteilt werden. Dabei ist darauf zu achten, dass eine einheitliche „Welle" aus Oberteil- und Unterteilbügeln entsteht.

Aufbau einer symmetrischen Kombinationsrückwand:

1. Entnehmen Sie die gesamte Ware aus der Rückwand.
2. Bestücken Sie die Fronten mit den Key Outfits.
3. Wählen Sie die Ware für die Legepräsentation aus, da sich nicht alle Artikel falten lassen.
4. Sortieren Sie die verbleibende Ware nach Farben.
5. Bilden Sie aus der Ware Farbblöcke. Als erstes aus Ware in der Farbe, die in der geringsten Menge vorhanden ist. Verteilen Sie die Ware symmetrisch auf der Stange der Seitenpräsentation.
6. Als Nächstes bilden Sie Blöcke aus der Ware, die in der zweitgeringsten Farbe vorhanden ist. Verteilen Sie diese nun symmetrisch zwischen den Blöcken der ersten Farbe.
7. Anschließend gehen Sie mit allen weiteren Farben so vor.
8. Kombinieren Sie Accessoires, um die Gesamtoutfits zu vervollständigen.

1. Entnehmen der Ware

2. Bestückung der Fronten

3. Regalbestückung

4. Farbsortierung

5. Seitenpräsentation

6. Seitenpräsentation

7. Seitenpräsentation

8. Einsatz von Accessoires

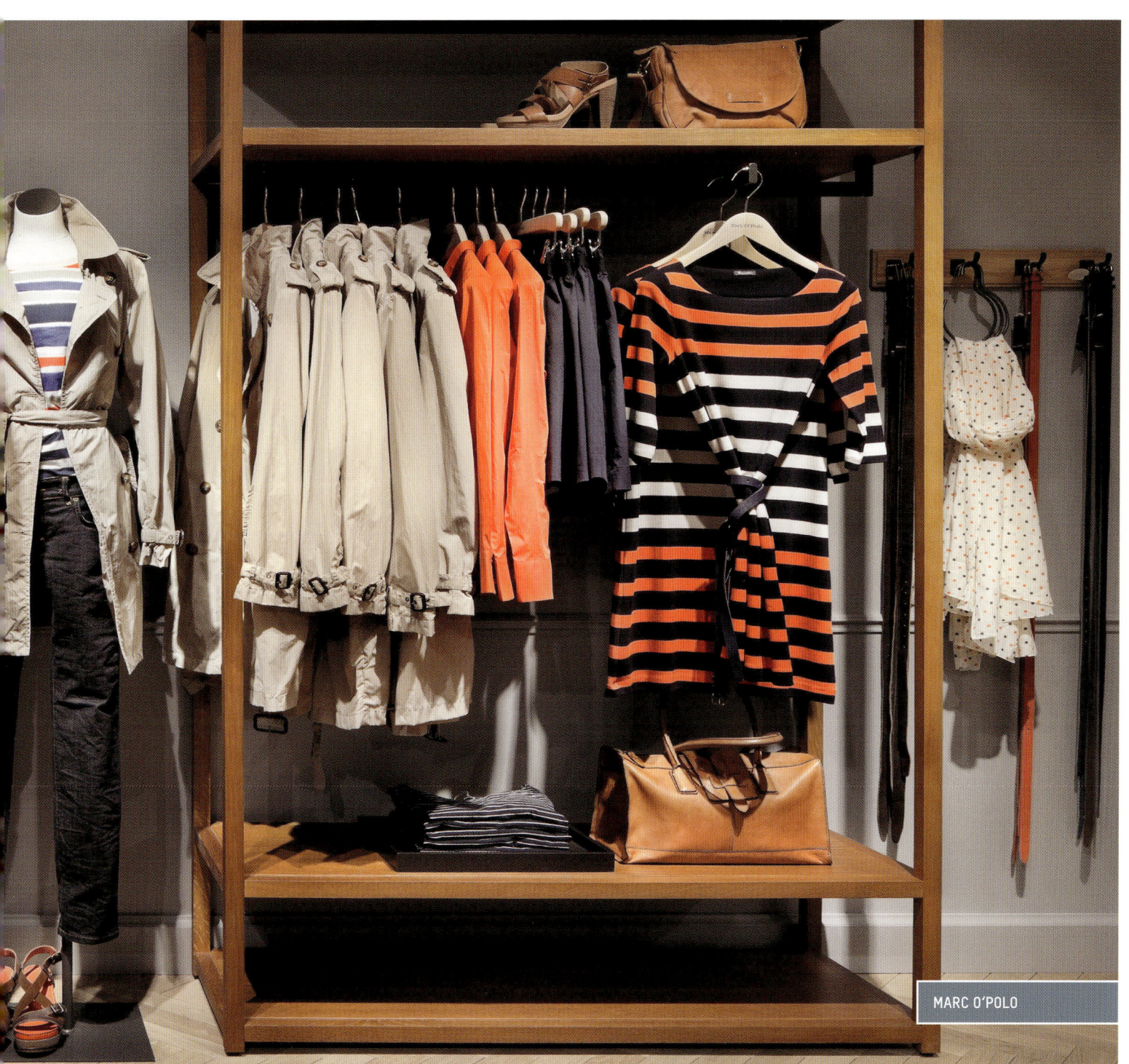

MARC O'POLO

PRODUKTGRUPPENRÜCKWAND

Die Produktgruppenrückwand richtet sich an den Bedarfskunden, da hier ein Artikel oder eine Produktgruppe in seiner gesamten Vielfalt gezeigt wird. Im direkten Vergleich zur Kombinationsrückwand können hier Zusatzverkäufe erzielt werden, indem der Kunde einen Artikel direkt in mehreren Farben kauft. Gleichzeitig gibt die Produktgruppenrückwand dem Kunden einen Überblick über die gesamte Auswahl innerhalb eines Artikels oder einer Produktgruppe.

Wir unterscheiden hier zwischen einem vertikalen und horizontalen Artikelaufbau.

Beim horizontalen Aufbau wird ein Artikel in verschiedenen Farben auf einer Ebene angeordnet. Dabei erfolgt die Farbverteilung von links nach rechts im Farbverlauf von hell nach dunkel. Dieser Aufbau hat den Vorteil, dass der Kunde schon von weitem die Farbvielfalt erkennen kann.

Alternativ dazu gibt es den vertikalen Artikelaufbau, bei dem ein Artikel von oben nach unten im Farbverlauf von hell nach dunkel gezeigt wird. Saisonale Farben werden auf der besten Fläche präsentiert. Der Kunde erkennt schon aus Entfernung die Artikelvielfalt.

Produktgruppenrückwand mit mit horizontalem Farbverlauf

Produktgruppenrückwand mit vertikalem Farbverlauf

TOMMY HILFIGER

Bei unterschiedlicher Farbvielfalt innerhalb der verschiedenen Artikel bietet sich eine Kombination aus gehängter und gelegter Ware an. Denn in der Produktgruppenrückwand ist es wichtig, alle Farben eines Artikels zusammenzuhalten. Nur so kann sich der Kunde alleine zurechtfinden.

Bei Produktgruppenrückwänden sind Kommunikationsmittel wie Beschilderungen und Styleguides besonders wichtig.

Styleguides veranschaulichen Schnittformen und helfen dem Kunden bei der Selbstbedienung. Denn es geht darum, dass der Kunde sofort die Unterschiede zwischen den verschiedenen Artikeln erkennt. Gleichzeitig entsteht für Sie dadurch ein geringerer Aufwand beim Aufräumen. Denn der Kunde muss die Ware gar nicht erst aus der Rückwand nehmen, wenn er durch eine entsprechende Beschilderung direkt auf die Produktunterschiede aufmerksam gemacht wird.

£14.99

ACCESSOIRES- UND WÄSCHERÜCKWAND

Accessoires- und Wäscherückwände können entweder nach Themen oder nach Produktgruppen aufgebaut werden.

Bei Themenrückwänden werden alle Teile eines Programms zusammen präsentiert. Das bedeutet, dass alle Artikel mit dem gleichen Dessin als zusammenhängendes Thema gezeigt werden. In der Produktgruppenpräsentation wird die Ware nach Artikeln sortiert und innerhalb dieser nach Farben aufgebaut.

Für beide Präsentationsmöglichkeiten gilt, dass einheitliche Höhen geschaffen werden sollten, um Ruhe und Übersichtlichkeit sicherzustellen. Für Accessoires gilt, dass kleine und leichte Artikel im oberen Bereich und große und schwere Artikel im unteren Bereich einer Rückwand gezeigt werden. Taschen werden immer ausgestopft, um die Wertigkeit optisch zu erhöhen. Für Accessoires und Wäsche gibt es verschiedene Präsentationshilfen, mit denen Sie besondere Artikel hervorheben können.

Für Accessoires- und Wäscherückwände sind die sogenannten Slatwalls besonders gut geeignet. Sie verfügen über horizontale Schlitzschienen und ermöglichen dadurch eine maximale Flexibilität bei der Warenbestückung. Denn gerade Accessoires können sowohl sehr klein als auch sehr groß sein und lassen sich durch den Ladenbau nur schwer im voraus planen.

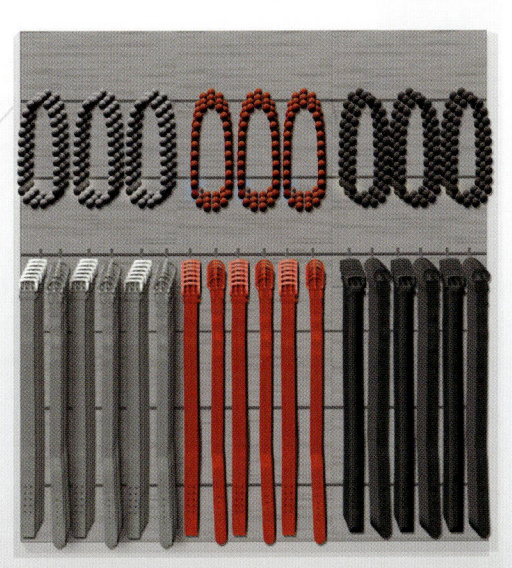

H&M Hennes & Mauritz

WARENDRUCK

Es ist wichtig, dass die Rückwände immer gut bestückt aussehen. Denn nur gut bestückte Wände vermitteln Warenkompetenz in Ihrem Geschäft. Leere Stangen und Regale erwecken den Eindruck, dass Sie Altware anbieten. Mit der richtigen Warenpräsentation können Sie problemlos auf den unterschiedlichen Warendruck in Ihrem Geschäft reagieren.

Bei zu **geringem Warendruck** bietet es sich an, vermehrt mit Frontpräsentationen, Dekorationen und Visuals zu arbeiten. In der Legepräsentation setzen Sie zusätzliche Accessoires ein. Außerdem können Sie innerhalb einer Rückwand auch die Artikel doppeln und absortierte Lagerware präsentieren. Wichtig ist dabei, dass ein Artikel in einer Farbe nur innerhalb einer Rückwand gezeigt wird. Denn sonst finden weder die Kunden noch Sie sich zurecht.

Verfügen Sie über **zu viel Ware**, so setzen Sie vermehrt die Stangen zur Seitenpräsentation ein und verzichten auf Dekorationselemente. Auch in der Frontpräsentation können Sie zwei bis drei verschiedene Artikel zeigen und diese auf dem ersten Bügel als Outfit kombinieren.

Einzelteile lassen sich in der Seitenpräsentation problemlos integrieren, ohne dass sie als solche wahrgenommen werden. Hängen Sie diese an den Anfang oder an das Ende eines farblich passenden Farbblocks und Sie erhalten ein ruhiges und harmonisches Gesamtbild.

Rückwand mit niedrigem Warendruck

Rückwand mit hohem Warendruck

TOMMY HILFIGER

MITTELRAUMMÖBEL

Rundständer

MITTELRAUM
MÖBEL

In Kombination, nach Artikeln oder nach Preisen sortiert können Sie Ihre Ware auf Mittelraummöbeln präsentieren.

Auf Mittelraummöbeln wird die Ware in Kombination, nach Artikeln oder vereinzelt auch nach Preisen sortiert. Nicht jeder Warenträger eignet sich auch für jede Ware. Accessoires benötigen zum Beispiel besondere Haken oder Möbel.

Die Ware auf Möbeln und Rückwänden soll miteinander harmonieren und sowohl farblich als auch thematisch in die jeweilige Zone passen. Weniger attraktive Ware und Restanten werden auf den Rückseiten der Mittelraummöbel präsentiert. So kann das optische Gesamtbild ansprechender gestaltet werden.

RUNDSTÄNDER

Häufig werden Rundständer als Außenpräsenter genutzt, da sie ein großes Warenvolumen fassen und einfach in Ordnung zu halten sind. Es werden preisinteressante und der Witterung angepasste Mengenartikel gezeigt, die regelmäßig gewechselt werden. Es empfiehlt sich, auf Rundständern eine Preisaussage darzustellen. Bei mehreren Artikeln in verschiedenen Preislagen wird auf der einen Seite der niedrigste und auf der anderen der höchste Preis gezeigt.

Auf einem Rundständer wird ein Artikel, eine Produktgruppe oder ein bestimmtes Material präsentiert. Dabei werden alle Farben eines Artikels in der Seitenpräsentation auf einem Ständer gezeigt. Die gesamte Ware wird in der Reihenfolge des Farbkreises aufgebaut und innerhalb der Farbblöcke jeweils von links nach rechts, von kurz nach lang sortiert.

BARREN

Auf Barren kann die Ware als Farb- oder Stilthema oder als Mengenartikel einer Produktgruppe präsentiert werden. Bei der Kombinationspräsentation sollten sich möglichst alle Artikel miteinander kombinieren lassen. Dieses Möbel eignet sich besonders gut für kleine Farbthemen. Die Ware wird in Seitenpräsentation gezeigt, und auch hier unterscheiden wir zwischen dem rhythmischen und dem symmetrischen Aufbau.

Beim **rhythmischen Aufbau** wird die Ware in Outfits gezeigt. D. h., die Artikel werden so gehängt, wie sie getragen werden. Und zwar von oben nach unten und von außen nach innen. Beispiel: Erst der Blazer, dann das Top und dann die Hose.

Beim **symmetrischen Aufbau** werden Farbblöcke aus mindestens fünf Teilen gebildet, die symmetrisch verteilt werden. Dabei ist darauf zu achten, dass eine einheitliche „Welle" aus Oberteil- und Unterteilbügeln entsteht.

Der **Produktgruppenaufbau** richtet sich an den Bedarfskunden, da hier ein Artikel, eine Produktgruppe oder ein bestimmtes Material in seiner gesamten Vielfalt gezeigt wird. Hier werden alle Farben eines oder mehrerer Artikel zusammen präsentiert. Und zwar im Farbverlauf von hell nach dunkel. Beim Produktgruppenaufbau kann eine Beschilderung eingesetzt werden.

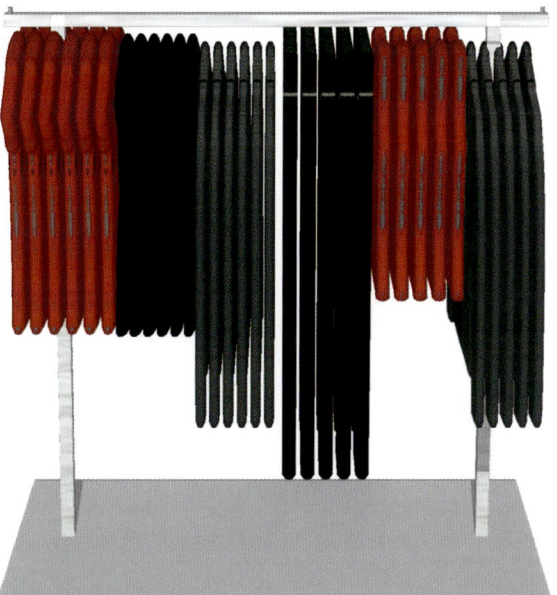

Kombinationspräsentation im rhytmischen Aufbau

Produktgruppenaufbau

GONDEL

Auf Gondeln wird ein kleines Farbthema oder ein Stil gezeigt. Dabei können auf Vorder- und Rückseite auch unterschiedliche Themen dargestellt werden.

Präsentieren Sie die Ware so, dass sich möglichst alle Artikel auf einer Gondelseite miteinander kombinieren lassen. Integrieren Sie auch Accessoires, um dem Kunden die Zusammenstellung eines Outfits zu ermöglichen.

Für einen spannenden Aufbau wird hängende mit gelegter Ware kombiniert. Die Stapel der gelegten Ware werden in horizontalen oder vertikalen Farbreihen angeordnet, um ein harmonisches Farbbild zu erzielen. Auch in der Seitenpräsentation unterscheiden wir zwischen dem rhythmischen und dem symmetrischen Aufbau.

Beim **rhythmischen Aufbau** wird die Ware in Outfits gezeigt. D.h., die Artikel werden so gehängt, wie sie getragen werden. Und zwar von oben nach unten und von außen nach innen. Beispiel: Erst der Blazer, dann das Top und dann die Hose.

Für den **symmetrischen Aufbau** werden Farbblöcke aus mindestens fünf Teilen gebildet, die symmetrisch auf die Seitenpräsentation einer Gondel verteilt werden. Dabei ist darauf zu achten, dass eine einheitliche „Welle" aus Oberteil- und Unterteilbügeln entsteht.

> Einen spannenden Aufbau ereichen Sie durch die Kombination von hängender und gelegter Ware.

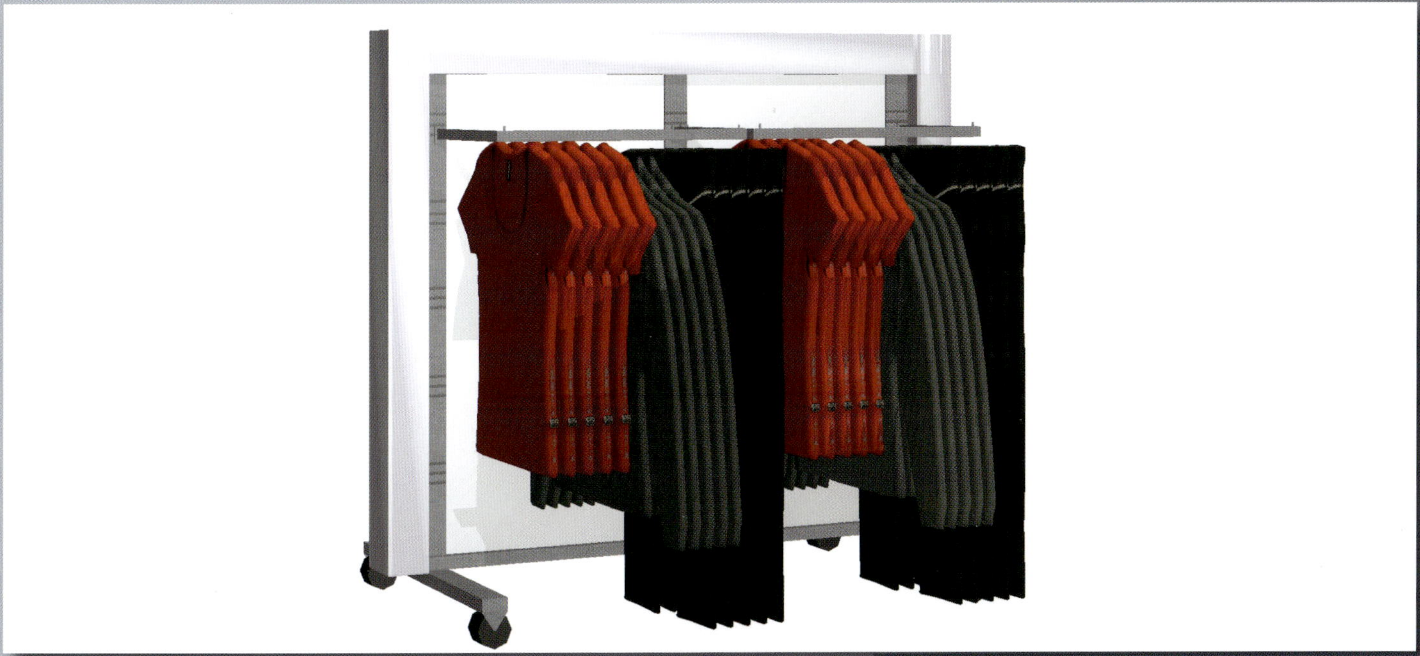

Rythmischer Warenaufbau

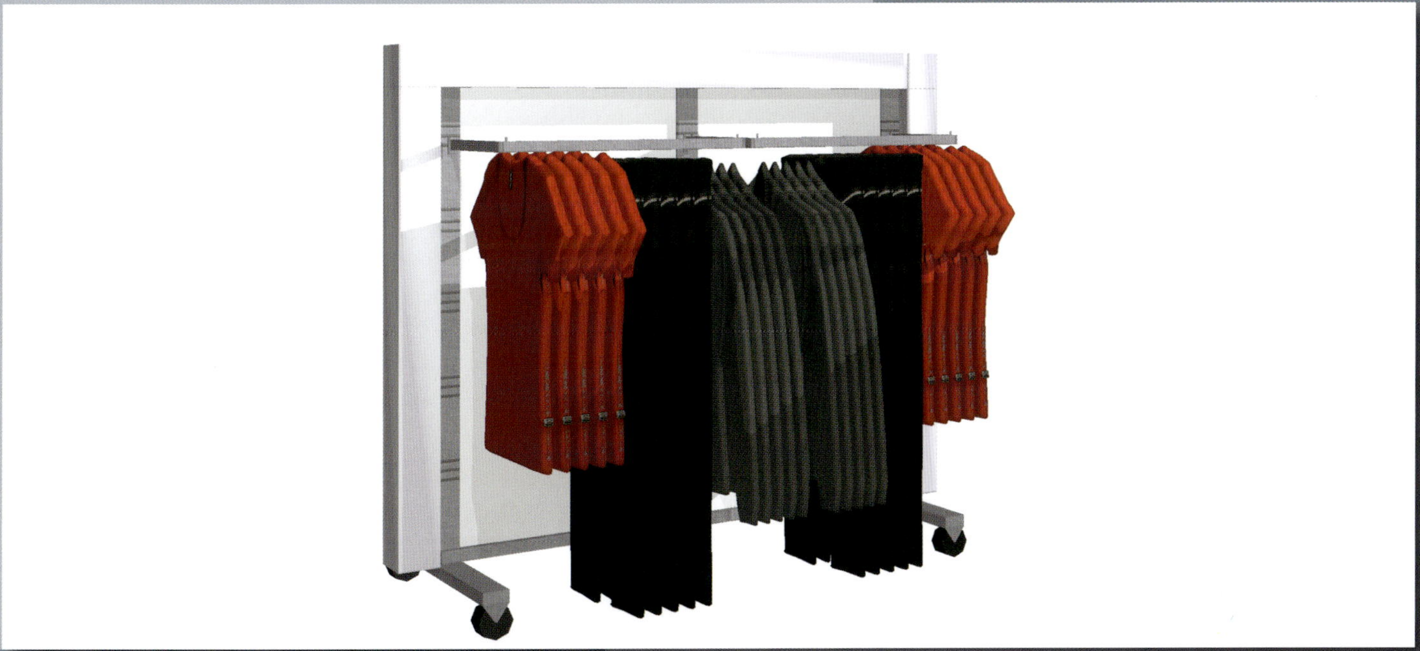

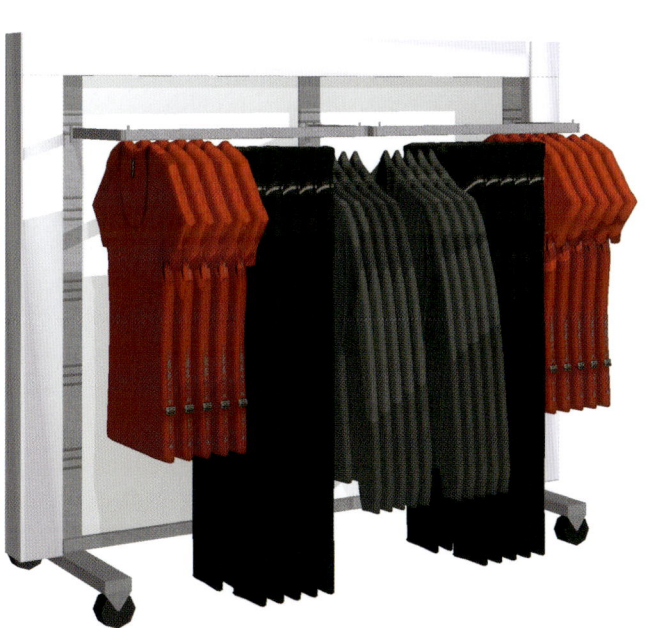

Symmetrischer Warenaufbau

T-ARM UND 4-ARM

Auf dem T-Arm oder dem 4-Arm werden Bestseller und Neuheiten in Kombination gezeigt. Gerade Neuware kann ohne großen Aufwand in den Verkaufsraum integriert werden, da nicht gleich eine Rückwand umgebaut werden muss.

Achten Sie darauf, nicht mehr als zwei verschiedene Artikel pro Arm zu zeigen und kombinieren Sie den vorderen Bügel als Outfit. Achten Sie auch hier auf eine harmonische Farbverteilung und ausreichend Warenmenge auf den Armen des Warenträgers.

TISCH

Auf Tischen wird die Ware als Farb- oder Stilthema oder als Mengenartikel einer Produktgruppe präsentiert. Mit Büsten, Torsos und verschiedenen Legetechniken steigern Sie die Attraktivität. Achten Sie besonders im Eingangsbereich darauf, die Tische mit einer ausreichenden Menge Ware zu bestücken.

Bei der Kombinationspräsentation sollen sich möglichst alle Artikel miteinander kombinieren lassen. Alle Produktgruppen zu einem Thema können zusammen präsentiert werden. Mit unterschiedlichen Legetechniken kann der Kombinationstisch auch mit verschiedenen Produktgrößen platzsparend bestückt werden. Bestücken Sie den Tisch mit ausreichend viel Ware, da dieser zur Selbstbedienung und nicht zur Dekoration gedacht ist.

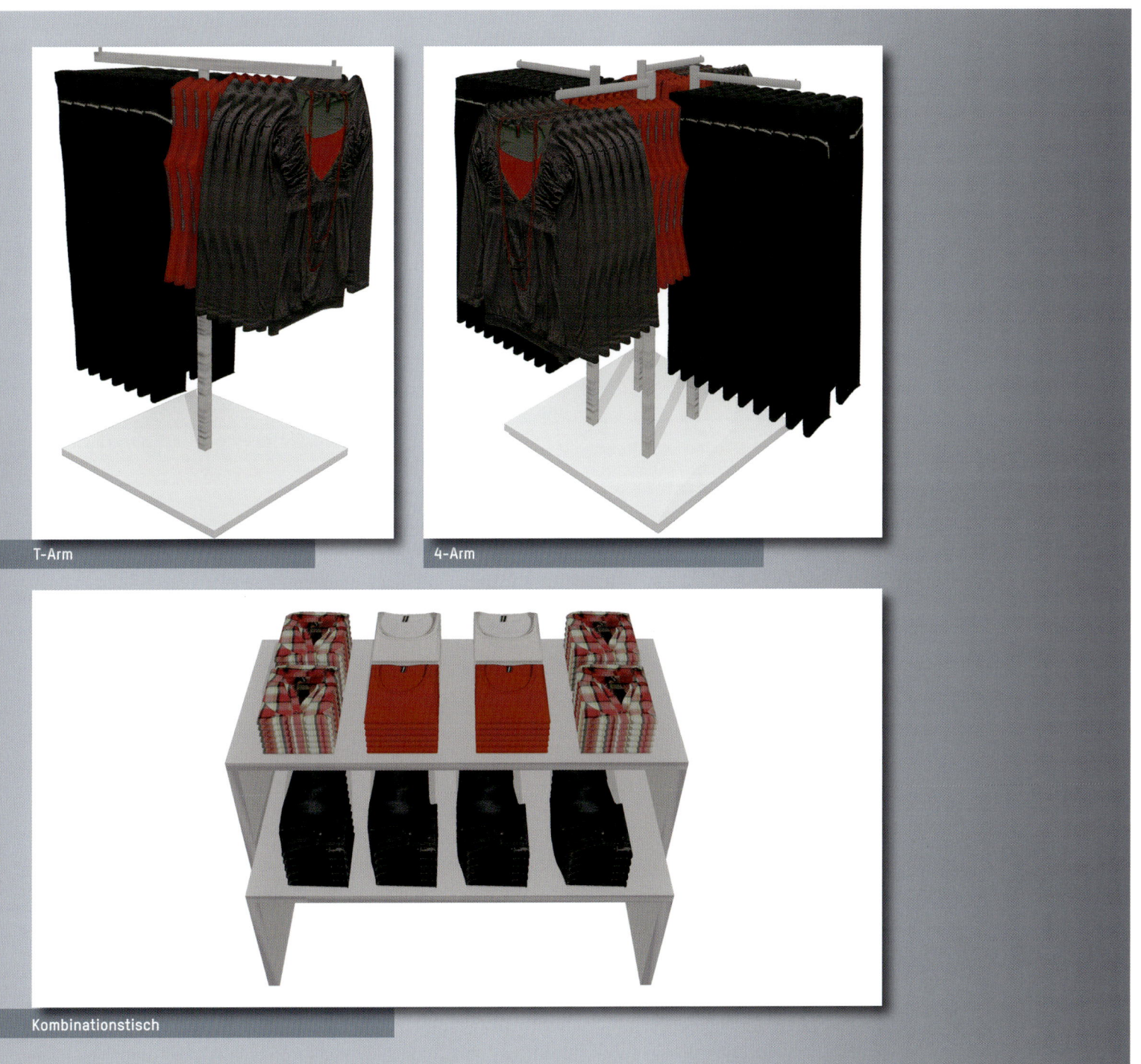

T-Arm

4-Arm

Kombinationstisch

Produktgruppentisch mit Oberteilen

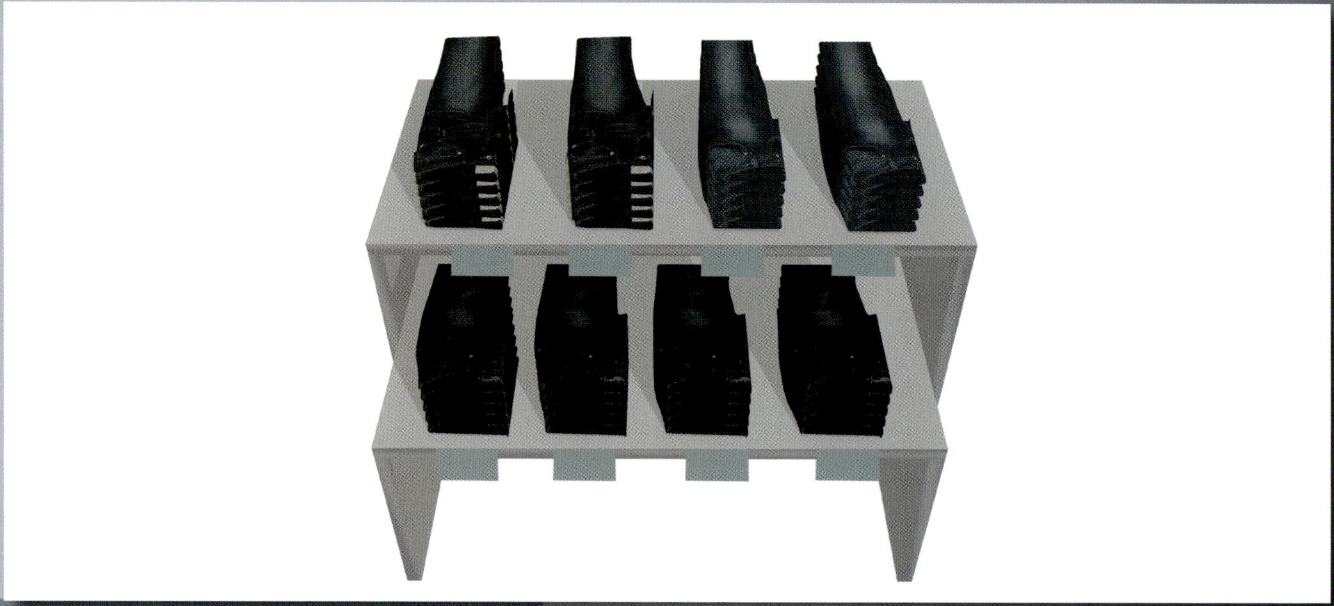

Produktgruppentisch mit Unterteilen

Der Produktgruppenaufbau richtet sich an den Bedarfskunden, da hier ein Artikel, eine Produktgruppe oder ein bestimmtes Material in seiner gesamten Vielfalt gezeigt wird. Hier werden alle Farben eines Artikels oder mehrerer Artikel zusammen präsentiert. Und zwar von links oben nach rechts unten im Farbverlauf von hell nach dunkel. Dabei schaffen Sie möglichst vertikale oder horizontale Farbbahnen.

Es empfiehlt sich, beim Produktgruppenaufbau eine Preisaussage darzustellen. Bei mehreren Artikeln in verschiedenen Preislagen wird auf der Vorderseite der niedrigste und auf der Rückseite der höchste Preis gezeigt. Werden verschiedene Modelle einer Produktgruppe ausgestellt, wie zum Beispiel ein Tisch mit Jeanshosen, empfiehlt sich der Einsatz eines Styleguide. Dann erkennt der Kunde sofort die Unterschiede zwischen den verschiedenen Artikeln. Gleichzeitig entsteht für Sie dadurch ein geringerer Aufwand beim Aufräumen.

> Ein gelungener Produktgruppenaufbau schafft klare Abgrenzung zu anderen Produkten und zeigt die eigene Kompetenz.

CAMPUS

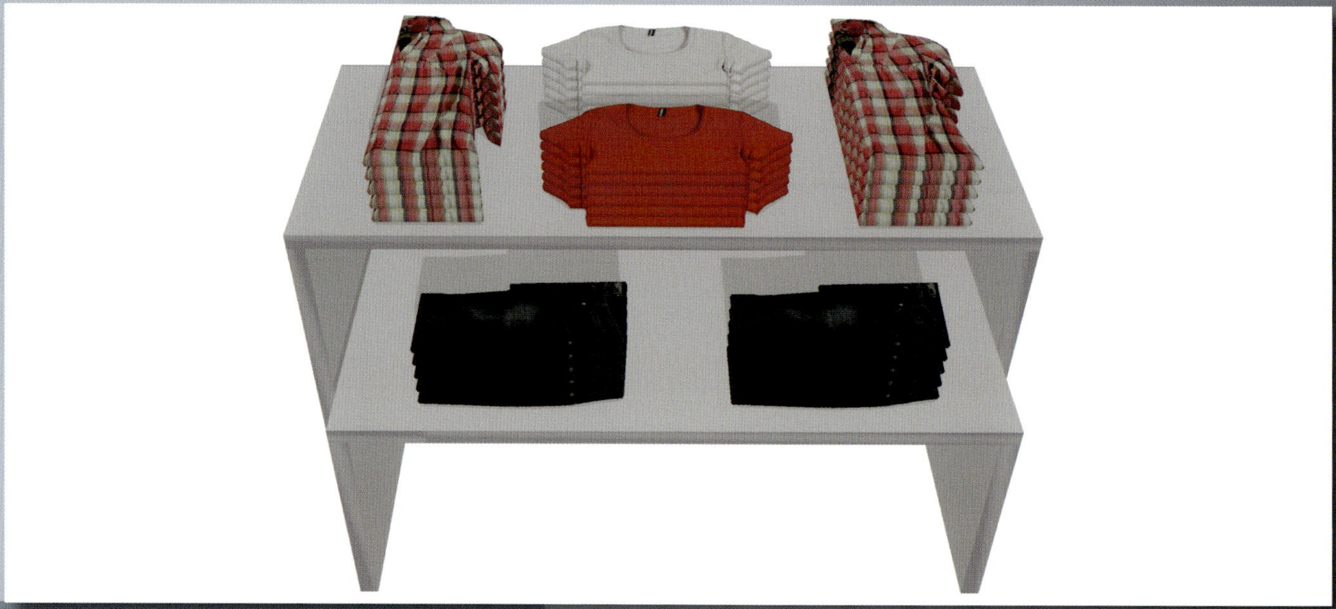

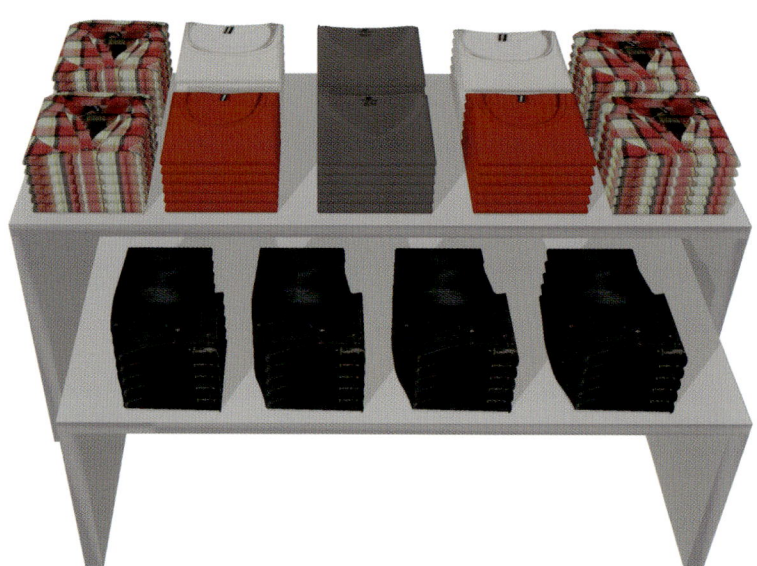

Tisch mit niedrigem Warendruck

Tisch mit hohem Warendruck

WARENDRUCK

Alle Warenträger müssen immer gut bestückt aussehen. Denn nur gut bestückte Möbel vermitteln Warenkompetenz in Ihrem Geschäft. Mit der richtigen
Warenpräsentation können Sie problemlos auf den
unterschiedlichen Warendruck in Ihrem Geschäft
reagieren.

Bei zu **geringem Warendruck** bietet es sich an, ver-
mehrt mit Frontpräsentationen, Dekorationen und
Visuals zu arbeiten. Außerdem können Sie auf einem
Möbel auch die Artikel doppeln und absortierte
Lagerware präsentieren. Wichtig ist dabei, dass ein
Artikel in einer Farbe nur auf einem Möbel gezeigt
wird. Sonst finden weder die Kunden noch Sie sich
zurecht.

Setzen Sie in der Legepräsentation zusätzliche
Accessoires ein oder verändern Sie die Legetechnik.
Wenn Sie zum Beispiel ein Langarm-Shirt längs
falten, können Sie auf gleicher Fläche nur etwa die
Hälfte der verschiedenen Modelle zeigen.

Verfügen Sie über **zu viel Ware**, so setzen Sie vermehrt die Stangen zur Seitenpräsentation ein und
verzichten Sie auf Dekorationselemente. Auch in der
Frontpräsentation können Sie zwei bis drei verschiedene Artikel zeigen und diese auf dem ersten Bügel
als Outfit kombinieren.

SALE

SALE

Während der Schlussverkaufszeiten können Sie die reduzierte Ware auf den besten Flächen zeigen, um schnell Platz für die Neuware zu schaffen.

Begrenzen Sie den Sale-Zeitraum auf eine bestimmte Zeit. In dieser Phase ziehen Sie die reduzierte Ware in den jeweiligen Abteilungsbereichen zusammen. Während dieser Schlussverkaufszeiten kann die Ware auch auf den besten Flächen gezeigt werden, um schnell Platz für die Neuware zu schaffen.

Außerhalb des Aktionszeitraums wird die reduzierte Ware auf einem gesonderten Möbel, der Rückseite eines Möbels oder im hinteren Abteilungsbereich gezeigt. Denn die Gesamtoptik der regulären Ware soll nicht durch die reduzierten Einzelteile negativ beeinflusst werden.

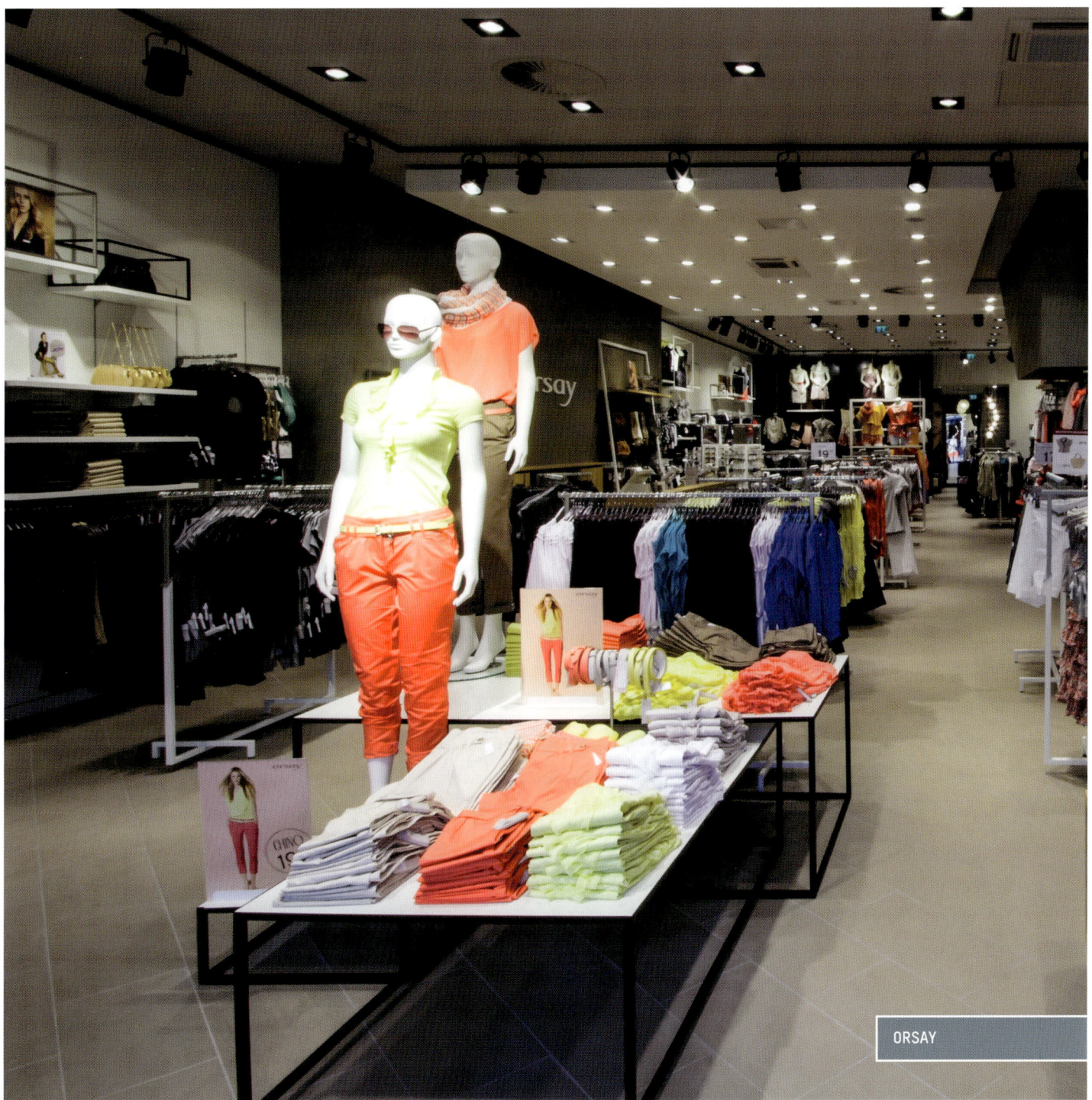

ORSAY

Während des Sale fassen Sie die reduzierte Ware auf Mittelraummöbeln zusammen. Trennen Sie diese unbedingt nach den Zielgruppen wie Damen, Herren und Kinder. Andernfalls wird es von beispielsweise einem männlichen Kunden als unangenehm empfunden, seine Ware zwischen Damenbekleidung zu suchen. Innerhalb der Zielgruppen wird die Ware nach Produktgruppen sortiert.

Innerhalb der gebildeten Produktgruppen sortieren Sie die Ware farblich von hell nach dunkel von links nach rechts, bzw. von vorne nach hinten. Dadurch schaffen Sie auch mit Einzelteilen ein ruhiges und harmonisches Gesamtbild. Präsentieren Sie die gesamte reduzierte Ware möglichst hängend. Denn gelegte Einzelteile sind für die Verkaufsmitarbeiter pflegeintensiv und die einfache Selbstbedienung ist bei verschiedenen Artikeln auf einem Stapel nicht mehr umsetzbar.

Kennzeichnen Sie reduzierte Ware immer als solche. Das erfolgt zum einen über das Warenetikett und zum anderen über eine einheitliche Beschilderung über und auf den Mittelraummöbeln während der Sale-Phase. Wenn Sie auf den Schildern mit Preisen werben, vermeiden Sie „ab"-Preise und benennen lieber zwei bis drei verschiedene Preislagen.

Das Schaufenster sollte zu Sale-Zeiten ebenfalls gekennzeichnet werden. Da empfiehlt sich die Darstellung von „Sale", Prozentzeichen oder Preislagen. Denn reduzierte Ware im Fenster auszustellen ist schwierig, da Sie aufgrund der Einzelteile keine kompetenten Kombinationen zeigen können und Sie gleichzeitig bei jeder Kundenanfrage die Fensterware wechseln müssen.

SALE

SERVICEBEREICHE

TALLY WEIJL

SERVICE
BEREICHE

Eine entspannte Atmosphäre im Kabinenbereich ist besonders wichtig für die Kaufentscheidung.

KABINEN

Kabinen müssen einfach und gut zu finden sein und gleichzeitig abseits vom restlichen Verkaufsraum liegen. Denn gerade hier ist eine entspannte Atmosphäre besonders wichtig für die Kaufentscheidung. Die Kabinen müssen hell und angenehm beleuchtet, immer sauber, frei von anprobierter Ware und gut belüftet sein.

Die Grundfläche sollte ca. 1,5 qm betragen, Vorhänge und Türen müssen dicht schließen. Wenn sich Treppen in der Nähe befinden, achten Sie auch auf einen Sichtschutz nach oben. Neben passend zur Zielgruppe gestalteten Kabinen gehören Kleiderhaken, Hocker und Spiegel zur Grundausstattung.
Falls es Ihre Fläche zulässt, schaffen Sie unbedingt einen Wartebereich in direkter Nähe und achten Sie darauf, die Kabinen niemals als Material- oder Warenlager zu nutzen.

KASSE

Der Kassenbereich ist die Servicestelle für Ihre Kunden. Neben dem Kassieren und Verpacken der Ware, dient er als Informationsstelle. Gleichzeitig werden Gutscheine erstellt und Reklamationen angenommen. Da hier der Kauf zum Abschluss kommt, muss der Bereich ordentlich, sauber, gut beleuchtet und nicht hektisch sein. Denn der Moment des Bezahlvorgangs ist sehr empfindlich und kann das ansonsten positive Einkaufserlebnis innerhalb kürzester Zeit zerstören.

Die Kasse muss im Verkaufsraum strategisch gut positioniert sein, da von hier aus oftmals die gesamte Fläche überwacht wird. Bei kleineren Verkaufsflächen hat sich die Position neben dem Ein- und Ausgang bewährt. Achten Sie darauf, dass die Kasse rückseitig nicht einsehbar ist und ein einfaches Arbeiten ermöglicht wird. Der Kassenbereich muss deutlich sichtbar sein und darf die Kunden nicht hemmen.

Ihre Kunden sollten die Möglichkeit haben, alle Zahlungsmöglichkeiten zu nutzen. Die Schlange an der Kasse muss immer kurz gehalten werden, damit Ihre Kunden die Kaufentscheidung nicht überdenken. Halten Sie den Kassenbereich sauber und übersichtlich und stellen Sie nur wenige, gut ausgewählte Produkte aus. Legen Sie keine Flyer von Veranstaltungen, Firmen und Vereinen aus. Das bringt Ihnen keinen Vorteil und lässt die Kasse unordentlich wirken.

NAVYBOOT

WORMLAND

SERVICE

Servicebereiche und Serviceleistungen unterscheiden Sie von Ihren Mitbewerbern und sind für Ihre Kunden unvergesslich. Ein starker Service trägt entscheidend zur emotionalen Gestaltung Ihrer Marke bei.

Überlegen Sie sich, durch welche Servicebereiche Ihre Zielkundschaft einen zusätzlichen Nutzen hat. Das kann zum Beispiel eine Kinderspielecke, Änderungsschneiderei, Kaffee-Bar, ein Geschenke-Verpackungs-Service oder ein Internet Terminal mit Zugang zum Webshop sein. Wenn Sie Serviceleistungen anbieten, ist es wichtig, diese auch klar als solche zu kennzeichnen.

BESCHILDERUNG

DIESEL BLACK GOLD

DIESEL

BE
SCHILDERUNG

Die Beschilderung sollte klar, kundenfreundlich und einfach zu lesen sein.

Die Beschilderung muss für den Kunden nützlich sein. Sie dient zur Orientierung, soll leiten, informieren und anregen. Deshalb muss sie klar, kundenfreundlich und einfach zu lesen sein.

Wählen Sie die Schrift passend zu Ihrer Marke aus und verzichten Sie auf handgeschriebene Texte. Das wirkt unprofessionell. Groß- und Kleinschreibung ist besser lesbar als nur Großschreibung, und Schreibschriften sind schwerer zu lesen als gerade Formen. Beschilderung muss nicht immer aus Text bestehen, denn oftmals zeigen Piktogramme oder Bilder viel klarer, worum es geht.

Anstelle von Schildern können auch verschiedene Monitor-Systeme genutzt werden, die die Informationen in bewegten Bildern darstellen. Diese Systeme sind auch als interaktive Monitorlösungen erhältlich.

STORE-GUIDE UND WEGWEISER
Store-Guides und Wegweiser sollen Ihren Kunden schnell und einfach einen Überblick über Ihre Verkaufsfläche verschaffen und sie zur gewünschten Ware führen. Diese werden an Punkten positioniert, wo sich der Kunde orientiert: im Eingangsbereich, an Knotenpunkten sowie an Treppen und Fahrstühlen.

Da Kunden auf der Verkaufsfläche ungern lesen, ist es sinnvoll, zusätzlich oder gar ausschließlich Grafiken oder Fotos einzusetzen. Multimediale Möglichkeiten schaffen Aufmerksamkeit und lassen sich bei Sortiments- bzw. Abteilungsveränderungen problemlos anpassen.

SERVICE-GUIDE
Serviceleistungen unterscheiden Sie von Ihren Mitbewerbern und sind für Ihre Kunden unvergesslich. Ein starker Service trägt entscheidend zur emotionalen Gestaltung Ihrer Marke bei. Zeigen Sie Ihre Serviceleistungen im Kassenbereich. Thematisieren Sie zum Beispiel einen Änderungsschneider-Service, den Geschenk-Verpackungs-Service, ein 30-tägiges Rückgaberecht oder die Möglichkeiten der Kartenzahlung in Ihrem Geschäft. Wenn Sie Serviceleistungen anbieten, ist es wichtig, diese auch klar als solche zu kommunizieren.

PREIS- UND AKTIONSBESCHILDERUNG

Werbeaktionen, die außerhalb des Geschäftes kommuniziert werden, müssen sich besonders leicht im Verkaufsraum wiederfinden. Der Kunde muss die gleichen Werbeaussagen und Bilder auf der Verkaufsfläche wahrnehmen und wird so wie durch einen roten Faden von der Werbung über das Schaufenster durch den Innenbereich zur Aktionsware geführt.

Artikelbeschreibungen auf der Beschilderung müssen präzise und gut lesbar sein. Sie können auch verkaufsfördernde Produktvorteile angeben, die nicht sofort erkennbar sind wie die Marke oder das Material.

Es gibt viele Möglichkeiten, Beschilderungen umzusetzen: Deckenhänger, Preisaufstecker, Einschieber, etc.

ROGAR
Regular Fit

WILSO
Regular F

MARC O'POLO

BELEUCHTUNG

BE
LEUCHTUNG

Mit einem professionellen Beleuchtungskonzept können Sie Ihre Ware verkaufsfördernd in Szene setzen.

Die Beleuchtung wirkt sich entscheidend auf die Wirkung Ihres Geschäftes und insbesondere auf die Wirkung der Ware aus.

In den Rückwänden werden obere Wandflächen stärker beleuchtet, weil diese bereits von weitem wahrgenommen werden sollen. Beleuchten Sie Mittelraummöbel stärker als Laufwege und stellen Sie sicher, dass Faszinationspunkte und Kassenbereich gut ausgeleuchtet sind. Leere Flächen werden nicht angestrahlt.

Berücksichtigen Sie, dass dunkle Farben Licht absorbieren und stärker beleuchtet werden müssen. Spiegelnde Elemente reflektieren hingegen Licht, können also blenden und müssen schwächer beleuchtet werden. Defekte Strahler müssen immer sofort ausgetauscht werden.

Die Allgemeinbeleuchtung schafft eine gleichmäßige Helligkeit und sorgt für ein problemloses Sehen und Prüfen des Sortiments. Diese Beleuchtung kann sich auch aus gestreutem Licht von Akzentbeleuchtung ergeben.

Die Akzentbeleuchtung richtet die Aufmerksamkeit auf ausgewählte Bereiche oder Artikel. Sie führt den Blick der Kunden und hebt Warendetails hervor.

Es hat sich bewährt, dass bei Massenartikeln mehr Allgemeinbeleuchtung genutzt wird. Je exklusiver die Ware ist, umso mehr Akzentbeleuchtung wird eingesetzt.

Bei der Lichtfarbe wird zwischen warmweißem, neutralweißem und kaltweißem Licht unterschieden. Die Lichtfarbe nimmt Einfluss auf die Stimmung und wird häufig nach folgender Faustregel eingesetzt: Je exklusiver die Ware, umso wärmer die Lichtfarbe und je preiswerter die Ware, umso kälter die Lichtfarbe.

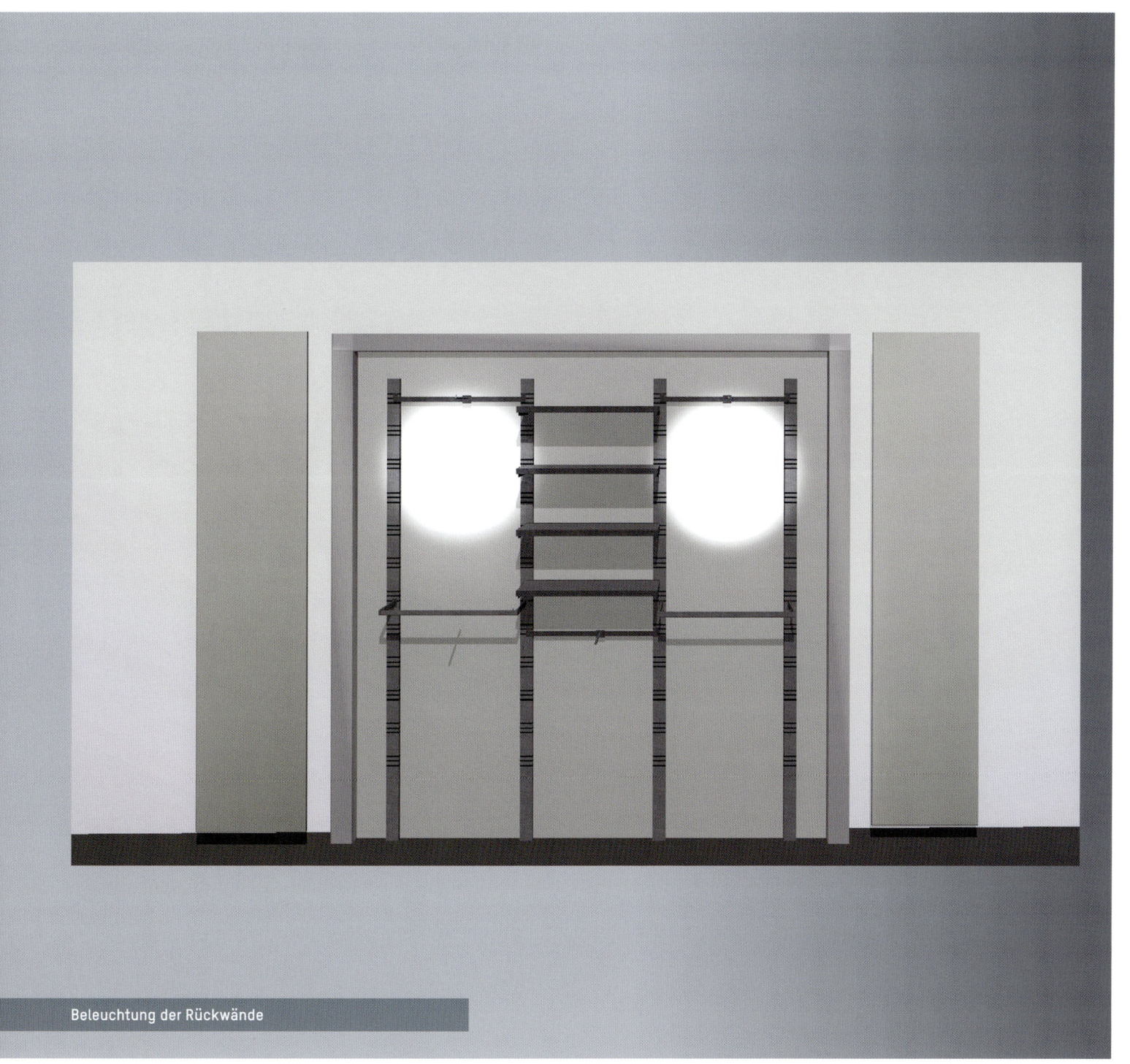

Beleuchtung der Rückwände

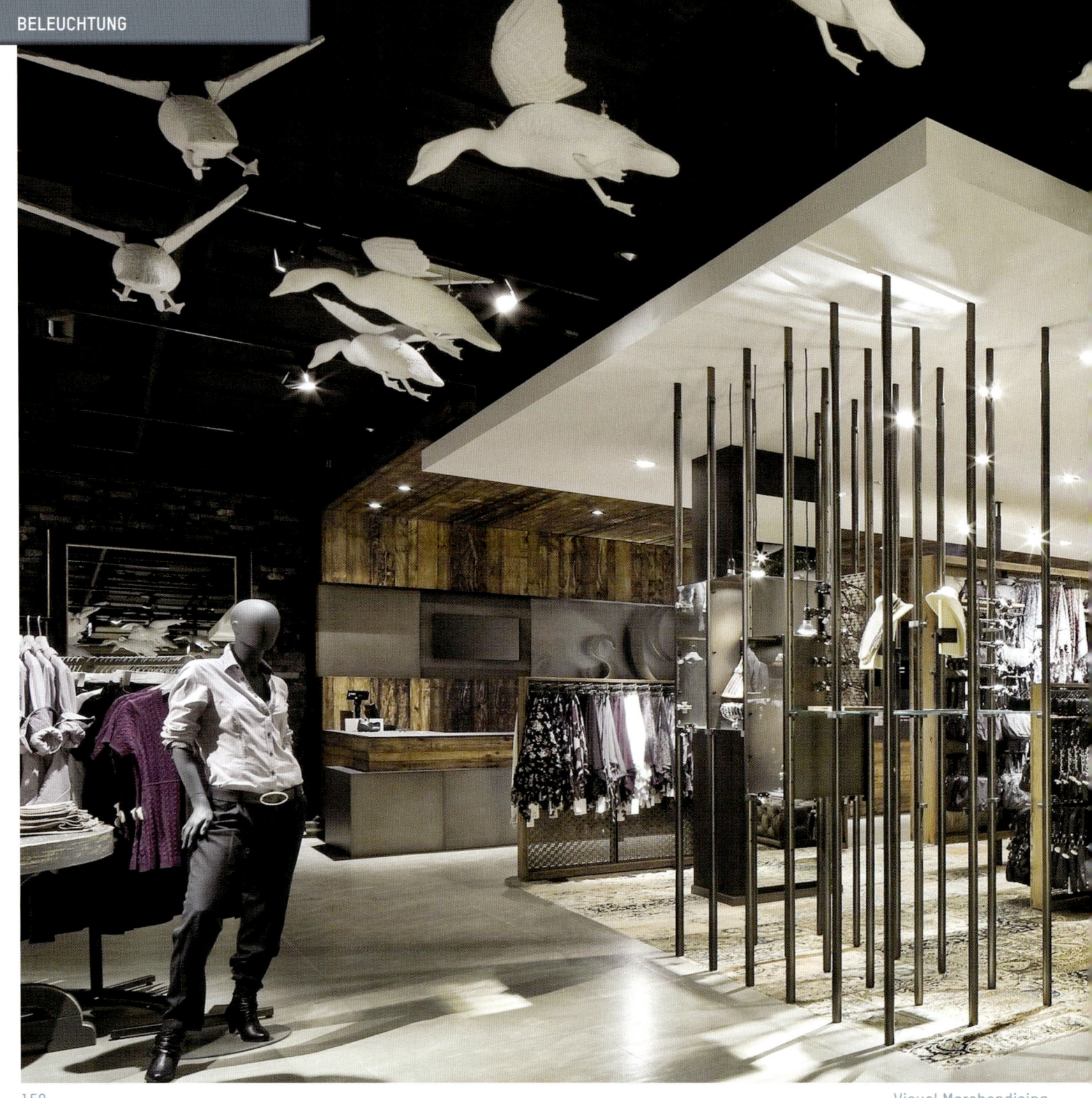

S.OLIVER

AKUSTIK UND DUFT

GALERIA KAUFHOF

AKUSTIK
UND DUFT

Ziel des Einsatzes von Musik ist es, im gesamten Verkaufsraum eine angenehme und zur Zielgruppe passende Geräuschuntermalung zu schaffen.

AKUSTIK

Zur akustischen Wahrnehmung zählen neben der Musik im Geschäftsraum auch die Stimmen der Kunden und Mitarbeiter. Prüfen Sie genau, in welchem Bereich Ihres Verkaufsraums Ihre Kunden welche Geräusche wahrnehmen und passen Sie die Musikuntermalung an. Ziel ist es, im gesamten Verkaufsraum eine angenehme und zur Zielgruppe passende Geräuschuntermalung zu schaffen.

Der Einsatz spezifischer Geräusche zur Unterstreichung eines Themas ist möglich. So können zum Beispiel Meeresrauschen und Möwenlaute in der Badeabteilung eingesetzt werden.

DUFT

Beim Duftmarketing werden Verkaufsräume beduftet. Der gewählte Duft kann ein Wiedererkennungsmerkmal einer Marke sein und sich somit positiv auf die Kundenbindung auswirken.

Mit dem Einsatz von Duft schaffen Sie Geruchsinseln, so dass der Duft immer wieder wahrgenommen wird. Dieser wird bevorzugt im Eingangsbereich eines Geschäftes oder zu Beginn einer Abteilung eingesetzt.

Setzen Sie das Duftmarketing sinnvoll ein. Überlegen Sie sich im Vorfeld genau, welcher Geruch zu Ihrer Marke passt, weshalb, wo und wie intensiv sie ihn einsetzen. Denn Duft darf auf keinen Fall aufdringlich sein.

Die Raumbeduftung erfolgt entweder über die Klimaanlage oder über freistehende Geräte. Diese eignen sich hervorragend für die Nahbereichsbeduftung ausgewählter Bereiche im Verkaufsraum.

> Der eingesetzte Duft sollte immer dezent und auf keinen Fall aufdringlich sein.

TOMMY HILFIGER

NEUE TECHNOLOGIEN

H&M HENNES & MAURITZ

NEUE
TECHNOLOGIEN

Interaktive Flächen auf Wänden oder Böden ziehen Kunden an und können individuelle Werbebotschaften vermitteln.

Die Schaufenster und Innenbereiche sind dabei, sich zu verändern, da die Präsentationen mit neuen Technologien sukzessive aufgewertet werden. Diese Technologien werden immer bezahlbarer.

Zum Beispiel können mit einer interaktiven und transparenten Projektionsfolie und einem Beamer interaktive Schaufenster entstehen. Durch Berührung der Scheibe können Produkte präsentiert, Informationen abgefragt und spezielle Auskünfte erteilt werden.

Interaktive Bodenprojektionen sorgen direkt beim Betreten der Fläche für eine Überraschung. Sobald die Projektionsfläche betreten wird, reagieren die projizierten Inhalte auf den Besucher. Ganz gleich ob Logo, Film oder Bilder. Standardeffekte können kostengünstig kundenindividuell angepasst werden. Dieses gibt es bereits als Plug&Play-Lösung, die eine kinderleichte Installation ermöglicht.

Das kundenspezifische Instore-TV ermittelt das Geschlecht und die Altersgruppe der Betrachter und ermöglicht so individuelle interaktive Werbebotschaften, in Echtzeit angepasst an zum Beispiel das Geschlecht oder die Altersgruppe des jeweiligen Betrachters.

EINRICHTUNG UND MATERIALIEN

EINRICHTUNG
UND MATERIALIEN

Möbel sollten zweckmäßig und funktional sein. Da sie maßgeblich den Verkaufsraum gestalten, müssen sie den Geschmack der Zielgruppe treffen.

MÖBEL

Die Möbel sollten zweckmäßig und funktional sein. Gleichzeitig gestalten sie maßgeblich den Verkaufsraum. Sie müssen den Geschmack der Zielgruppe treffen. Die Materialauswahl und Wertigkeit muss zur Ware passen und die Erwartungen der Kunden erfüllen. Bei Luxusartikeln wird zum Beispiel eine Luxusausstattung im Geschäft vorausgesetzt.

Im Einzelhandel wird die Einrichtung alle fünf bis sieben Jahre ausgetauscht. Eine aktuelle Tendenz zeigt, dass Möbel mittlerweile nur teilweise ausgetauscht und erneuert werden. Bei diesen sogenannten Fresh-ups geht es darum, den Verkaufsraum wie frisch umgebaut und renoviert aussehen zu lassen. Doch letztendlich werden nur einzelne Elemente ausgetauscht und umgestaltet, um die Kosten niedrig zu halten.

Im Ladenbau werden häufig Schlitzschienensysteme eingesetzt. Diese sind recht preisgünstig und lassen sich problemlos in alle Warenträger einsetzen und austauschen. So kann schnell auf Veränderungen im Sortiment reagiert werden.

BILDMOTIVE

Bildmotive eignen sich hervorragend, um die Stimmung und das Image einer Marke oder einer Thematik zu transportieren. Dabei sind individuell für Sie gefertigte Drucke oftmals nicht teurer als die einheitlichen Drucke und Displays der Anbieter von Dekorationsmaterialien.

Textildrucke mit Gummilippe können problemlos gefaltet und verschickt werden. Im Geschäft werden diese einfach durch die Mitarbeiter ausgetauscht, indem sie frontal in Aluschienen ohne sichtbaren Rahmen eingesteckt werden. Das wirkt sehr hochwertig und ist problemlos umzusetzen. Diese Textildrucke sind auch für hinterleuchtete Alurahmen erhältlich.

Beim Textildruck mit Kederschiene wird ein Banner gefertigt, der oben und unten über einen Hohlsaum verfügt. In diesen werden Kederschienen eingeführt und bei einigen Ausführungen wird noch von oben und unten eine Aluschiene aufgesetzt, bevor das Banner von der Decke abgehängt wird.

Klapprahmen sind in allen DIN- und vielen Sonderformaten erhältlich. In diese Rahmen lassen sich problemlos Papierdrucke einsetzen, ohne dass der Rahmen von der Wand genommen werden muss. Allerdings ist die optische Wirkung dieser Rahmen meist nicht so hochwertig wie die der Textildrucke.

Eine weitere Möglichkeit ist der Einsatz von individuell für Sie gefertigten Tapeten. Bitte berücksichtigen Sie dabei, dass deren Austausch meist nicht von Verkaufsmitarbeitern umgesetzt werden kann. Dadurch würden bei jedem Wechsel zusätzliche Kosten entstehen.

Textildruck mit Gummilippe

MARC O'POLO

MANNEQUINS

Mannequins gibt es in allen Varianten: natürlich oder stilisiert, mit Perücke, modellierten Haaren oder stilisierten Köpfen. Es gibt regelmäßig neue Modelle, um den sich ändernden Bedürfnissen gerecht zu werden.

Auch Halbtorsos oder Hosenpräsenter gibt es in allen Ausführungen. Für alle Mannequins gilt: je matter die Lackierung, umso kratzempfindlicher ist diese.

Alternativ zu Mannequins gibt es auch Schneiderbüsten, die eher für traditionelle Ware verwendet werden.

> Die Auswahl der richtigen Mannequins orientiert sich sowohl an der Ware als auch an der Marke.

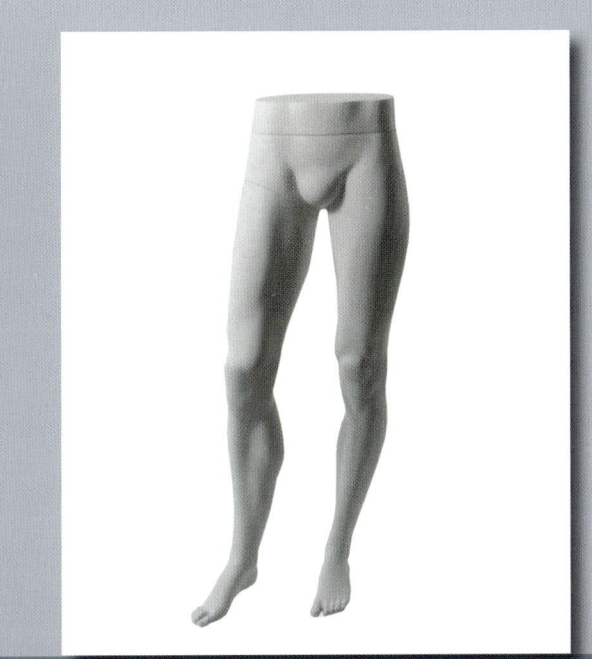

Hosenpräsenter

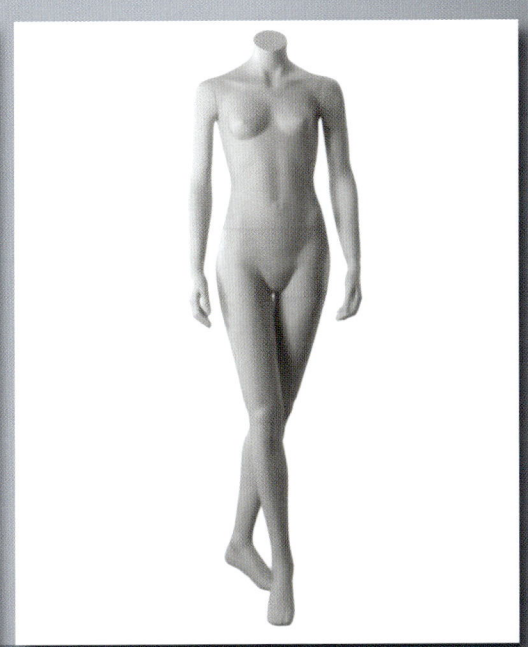

Headless Mannequin

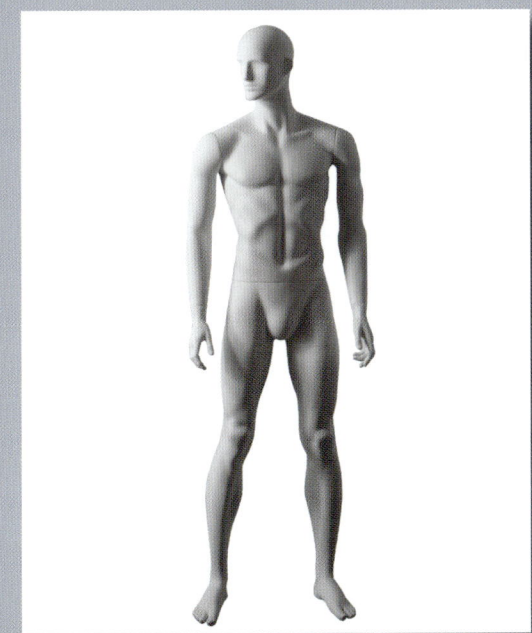

Stilisiertes Mannequin

Realistisches Mannequin

PRÄSENTER

Zur optimalen Darstellung von Accessoires gibt es
viele unterschiedliche Präsentationshilfen.

Mit **Taschenpräsentern** lassen sich einzelne Taschen
herausstellen, in die Themenrückwände integrieren
oder auch auf Tischen kombinieren. Durch die Höhen-
verstellbarkeit können so verschiedene Taschengrößen
präsentiert werden.

Auf dem **Gürtelpräsenter** werden ausgewählte
Gürtel gezeigt, um ein bestimmtes Thema oder einen
bestimmten Stil hervorzuheben.

Schuhpräsenter stellen einen einzelnen Schuh
heraus. Diese lassen sich in verschiedenen Größen
auch als Gruppe kombinieren und können so in die
Themenbereiche der Warenpräsentation integriert
werden.

Nur mit einem **Hut- und Mützenpräsenter** oder
auf Mannequins können Kopfbedeckungen in ihrer
realistischen Form gezeigt werden.

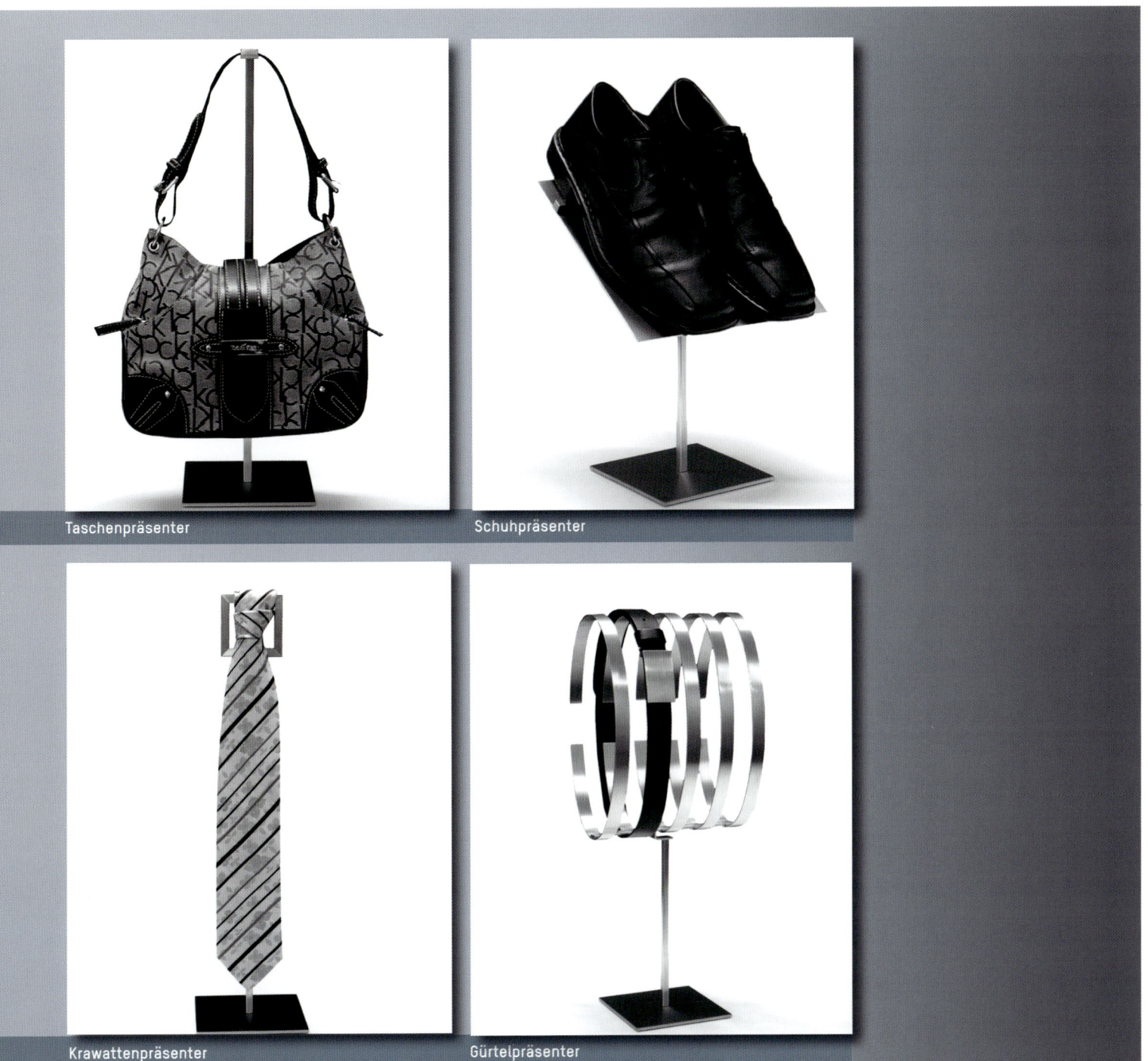

Taschenpräsenter

Schuhpräsenter

Krawattenpräsenter

Gürtelpräsenter

BÜGEL

Jackenbügel lassen nicht nur Jacken, sondern auch Mäntel, Blazer und Grobstrick besser wirken.

Shirtbügel sind eher schmal gehalten, um dem höheren Warendruck gerecht zu werden, der bei Shirts vorherrscht.

Egal welches Unterteil, ob Hose oder Rock: Klippbügel werden am Bund befestigt und ermöglichen so eine gut sichtbare Präsentation.

Neben Klippbügeln lassen sich klassische Hosen auch auf Hosenbügeln präsentieren, die sich vor allem für Hosen mit Bügelfalte eignen.

Wäschebügel sind wahre Alleskönner: Sie sind so konzipiert, dass sie sowohl für BHs als auch Slips genutzt werden können.

So vielfältig wie das Segment sind auch die Bügel: Mit Accessoires-Klipps können Tücher, Schals, Mützen oder auch Handschuhe aufgehängt werden.

1. Jackenbügel

2. Anzugbügel

3. Shirtbügel

4. Hosenbügel

5. Hosenbügel

6. Wäschebügel

7. Accesoires - Clip

TOMMY HILFIGER

JAHRES
PLANUNG

Eine konsequent durchgeführte Jahresplanung spart Kosten und erhöht die Effizienz.

Die Jahresplanung hilft Ihnen, alle Aktivitäten in Ihrem Geschäft langfristig zu planen. Das spart Zeit, ermöglicht eine bedarfsgerechte Waren- und Personalplanung und Sie sparen Kosten, denn Materialien, die im Voraus geplant und eingekauft werden, sind oftmals preisgünstiger.

Erstellen Sie die Planung in einem **Jahreskalender** wie folgt:

1. Tragen Sie die **wiederkehrenden Termine** und Themen ein. Dazu zählen Weihnachten, Silvester, Valentinstag, Muttertag und lokale Festlichkeiten.

2. Ergänzen Sie die Planung um **branchenspezifische Termine** wie Saisonstart und Schlussverkauf.

3. Fügen Sie nun die **Warenthemen** hinzu. Also die Zeiträume, in denen Sie den Fokus auf ausgewählte Warengruppen wie Bademoden, Jeans, Jacken oder festliche Bekleidung legen.

4. Als nächstes legen Sie auf Basis dieser Daten die **Fensterthemen** fest.

5. Definieren Sie nun, welches Thema sich in welcher Form auch im Verkaufsraum wiederfindet.

JAHRESCHECKLISTE

Gut geplant ist clever gespart.

MONAT	Woche	Aktion	Produktgruppen-fokus	Fenster-kampagne	MONAT	Woche	Aktion	Produktgruppen-fokus	Fenster-kampagne
JANUAR	1	Sale	Winterware	Sale	JULI	1	Sale	Sommerware	Sale
	2	Sale	Winterware	Sale		2	Sale	Sommerware	Sale
	3	Sale	Strick	Frühjahr		3		Strick	Herbst
	4	Saisonstart	Strick	Frühjahr		4		Strick	Herbst
FEBRUAR	1	Saisonstart	Strick	Frühjahr	AUGUST	1		Strick	Herbst
	2	Valentinstag	Strick	Frühjahr		2		Strick	Herbst
	3		Blusen & Hemden	Frühjahr		3		Denim	Herbst
	4		Blusen & Hemden	Frühjahr		4		Denim	Herbst
MÄRZ	1	Ostern	Blusen & Hemden	Frühjahr	SEPTEMBER	1		Jacken & Westen	Winter
	2	Ostern	Blusen & Hemden	Frühjahr		2		Jacken & Westen	Winter
	3		T-Shirts & Röcke	Sommer		3		Jacken & Westen	Winter
	4		T-Shirts & Röcke	Sommer		4		Jacken & Westen	Winter
APRIL	1		T-Shirts & Röcke	Sommer	OKTOBER	1	Jackenzone	Jacken & Westen	Winter
	2		T-Shirts & Röcke	Sommer		2	Jackenzone	Jacken & Westen	Winter
	3		T-Shirts & Röcke	Sommer		3	Jackenzone	Jacken & Westen	Winter
	4	Muttertag	Kleider & Shorts	Sommer		4	Jackenzone	Jacken & Westen	Winter
MAI	1		Kleider & Shorts	Sommer	NOVEMBER	1	Weihnachten	Glamour	Weihnachten
	2		Kleider & Shorts	Sommer		2	Weihnachten	Glamour	Weihnachten
	3		Kleider & Shorts	Sommer		3	Weihnachten	Glamour	Weihnachten
	4		Kleider & Shorts	Sommer		4	Weihnachten	Glamour	Weihnachten
JUNI	1		Kleider & Shorts	Sommer	DEZEMBER	1	Weihnachten	Glamour	Weihnachten
	2		Kleider & Shorts	Sommer		2	Silvester	Glamour	Weihnachten
	3	Sale	Sommerware	Sale		3	Silvester	Glamour	Weihnachten
	4	Sale	Sommerware	Sale		4	Sale	Winterware	Sale

PORSCHE DESIGN

CHECK
LISTE

Tages- und Wochenchecklisten helfen Ihnen, nichts zu vergessen. Sie steigern die Effizienz.

Checklisten steigern die Effizienz. Sie helfen Ihnen, nichts zu vergessen, ohne sich erst in einen Arbeitsablauf hineindenken zu müssen.

In die Checkliste kann beim Begehen der Verkaufsfläche direkt eingetragen werden, welcher Mitarbeiter die Aufgabe bis wann zu erledigen hat.

Wir empfehlen Ihnen zwei Checklisten:

Einen Tagescheck, in dem die wichtigsten Punkte kurz abgefragt werden. Dieser sollte möglichst schnell abgearbeitet werden können.

Außerdem empfehlen wir einen Wochencheck, den Sie ebenfalls als festen Bestandteil Ihrer Wochenaufgaben zählen sollten. Mit diesem Check werden alle Details in Ihrem Geschäft genau überprüft, um sicherzustellen, dass nichts vergessen wird.

Im Anschluss finden Sie Vorschläge für den Tages- und Wochencheck, die Sie auf Ihre Verkaufsfläche und gemäß Ihren Bedürfnissen individuell anpassen können.

TAGESCHECKLISTE

Schaufenster:

- [ ] Sind die Schaufensterscheiben sauber?
- [ ] Sind alle Sicherungen und Etiketten für den Kunden unsichtbar?
- [ ] Sind die Podeste sauber und staubfrei?
- [ ] Sind alle Preisschilder ordnungsgemäß eingesetzt?
- [ ] Funktionieren alle Leuchtmittel und sind diese richtig ausgerichtet?
- [ ] Ist die Ware ordentlich dekoriert?
- [ ] Ist die dekorierte Ware für den Kunden leicht zu finden?

Innenraum:

- [ ] Ist die Ware aufgefüllt?
- [ ] Sind überall komplette Größensätze vorhanden?
- [ ] Sind alle Fronten ausreichend bestückt?
- [ ] Stimmen alle Preisschilder auf Tisch- und Mittelraummöbelnw?
- [ ] Funktionieren alle Leuchtmittel und sind diese richtig ausgerichtet?
- [ ] Sind die Kabienen staubfrei und sauber?
- [ ] Ist der Kassenbereich aufgeräumt?

WOCHENCHECKLISTE

Schaufenster:

- ☐ Tragen alle Mannequins aktuelle Ware?
- ☐ Sind alle Scheiben geputzt?
- ☐ Sind die Podeste sauber und staubfrei?
- ☐ Sind alle Preisschilder ordnungsgemäß eingesetzt?
- ☐ Funktionieren alle Leuchtmittel und sind diese richtig ausgerichtet?

Innenraum:

- ☐ Sind alle Fronten mit aktueller, neuer Ware bestückt?
- ☐ Sind genügend Accessoires dekoriert?
- ☐ Sind die Tische im Eingangsbereich mit neuer Ware bestückt?
- ☐ Sind überall die richtigen Preisschilder eingesetzt?
- ☐ Sind die Möbel korrekt ausgerichtet?

Bershka

SCHLUSS
WORT

Wir bedanken uns bei den Menschen und Firmen, mit denen wir dieses Buch verwirklichen konnten. Ein besonderer Dank gilt dem gesamten Team von

INSPIRED Visual Merchandising, insbesondere Vera Schmidt und Daniel Marx für ihre Unterstützung.

Die Arbeit erleichtert hat uns besonders die Fa. iShopShape/ Visual Retailing durch die Bereitstellung der Software MockShop zur Erstellung der Warenpräsentations-Visualisierungen.

Unser Dank gilt auch den Menschen, die sich dafür eingesetzt haben, dass wir ihre Fotos veröffentlichen dürfen:

Alexander Keller, Amaya Guillermo, Andrea Bauer, Barbara Göttgens, Benjamin Dietz, Birgit Drixelius, Britta Biagi, Christian Böhmer, Christian Weiss, Claudia Böhm, Claudia Eilers, Elisabeth Lawicki, Evelyn Lagoyannis, Fiona Garrett, Frauke Schmidt, Harald Loske, Heidi Otto, Julia Dormeyer, Juliana Kernen, Kristin Lauer, Lenny Israel, Lina Glashoff, Marit Lokhorst, Markus Pape, Michael Haag, Michael Matuschek, Nicla de Keijzer, Nicole Werner, Pasquale Delli-Paoli, Rainer Gicklhorn, Sabrina Schaub, Stefanie Heeg, Susanne Berghold, Swetlana Ernst, Tanja Hußenether, Tim Whitmore und Tristan Arbter.

Wir danken außerdem dem gesamten Team des Deutschen Fachverlages für die professionelle Zusammenarbeit.

MATTHIAS SPANKE

verantwortete über 15 Jahre das Visual Merchandising verschiedener internationaler Filialunternehmen wie Tchibo und Tom Tailor. Der Geschäftsführer von INSPIRED Visual Merchandising kombiniert heute für Kunden wie Diesel, Galeria Kaufhof, Hugendubel, Laurèl, Odlo, Porsche Design und Tally Weijl sein sicheres Trendgespür mit reichhaltiger Erfahrung.

SONJA LÖBBEL

Geschäftsführerin von INSPIRED Visual Merchandising, verfügt über langjährige Berufserfahrung in Visual Merchandising und Vertrieb. Sie war in führender Funktion international agierender Unternehmen tätig und begleitet heute Kunden wie Diesel, Galeria Kaufhof, Hugendubel, Laurèl, Odlo, Porsche Design und Tally Weijl auf dem Weg zum erfolgreichen Markenauftritt.

INSPIRED VISUAL MERCHANDISING GMBH

Gegründet: 2009
Geschäftsführer: Sonja Löbbel & Matthias Spanke
Tätigkeitsfelder: Full-Service-Agentur für Visual Merchandising (Beratung, Konzeption, Produktion, Umsetzung, Schulung, Personalvermittlung)
Adresse: Friesenwall 24, DE - 50672 Köln
Email: info@inspired-vm.com
Web: www.inspired-vm.com

VERZEICHNIS DER BILDQUELLEN

S. 5: H & M Hennes & Mauritz; S. 6: Laurèl : S. 7 und S. 8: Zara; S. 11: Mexx, S. 13: INSPIRED Visual Merchandising; S. 14/15: Tommy Hilfiger; S. 17und S. 19: Diesel: S. 21: Zara; S. 22: Visualisierung von INSPIRED Visual Merchandising mit Mannequins von IDW; S. 23: Zara; S. 25: Marc O'Polo; S. 26: Laurèl; S. 29: Visualisierung von INSPIRED Visual Merchandising mit Mannequins von IDW; S. 31: Porsche Design; S. 32, S. 33 und S. 35 oberes Bild: Visualisierung von INSPIRED Visual Merchandising mit Mannequins von IDW; S. 35 unteres Bild und S. 37: Visualisierung von INSPIRED Visual Merchandising mit Mannequins von L + T Lengermann + Trieschmann; S. 39: INSPIRED Visual Merchandising; S. 40/41: Top Shop; S. 43: Visualisierung von INSPIRED Visual Merchandising mit Mannequins von IDW; S. 44: Marc O'Polo; S. 47 und S. 49: IN-SPIRED Visual Merchandising; S. 1 und S. 53: Theo Wormland GmbH & Co. KG/Foto: Blocher Blocher Partners; S. 54: Zara, S. 57 und S. 59: INSPIRED Visual Merchandising; S. 60/61: s. Oliver; S. 63: INSPIRED Visual Merchandising; S. 64/65: TopShop; S. 67: Marc O'Polo; S. 68: INSPIRED Visual Merchandising; S. 69: Marc O'Polo; S. 71, 72, 73, 74: INSPIRED Visual Merchandising; S: 75: s. Oliver; S. 77 und S. 79: INSPIRED Visual Merchandising; S. 81: Marc O'Polo; S. 82: Laurèl; S. 83: INSPIRED Visual Merchandising; S. 85: Tommy Hilfiger, S. 87 und S. 89: INSPIRED Visual Merchandising; S. 90/91: Marc O'Polo; S. 93: INSPIRED Visual Merchandising; S. 94: Tommy Hilfiger; S. 96/97: H & M Hennes & Mauritz; S. 99: INSPIRED Visual Merchandising; S. 100/101: H & M Hennes & Mauritz; S. 103: INSPIRED Visual Merchandising; S. 104/105: Tommy Hilfiger; S. 07: Marc O'Polo; S. 108 und S. 111: INSPIRED Visual Merchandising; S. 112/113: Marc O'Polo; S. 115, S. 117; S. 118: INSPIRED Visual Merchandising; S. 120/121: Campus; S. 122: INSPIRED Visual Merchandising; S. 125: Orsay; S. 126: INSPIRED Visual Merchandising; S. 127: Orsay; S. 129: Visualisierung INSPIRED Visual Merchandising mit Mannequins von IDW; S. 131 und S. 132: Tally Weijl; S. 135: Navyboot; S. 136: Theo Wormland GmbH & Co. KG/Foto: Blocher Blocher Partners; S. 139: Tommy Hilfiger; S. 140: Diesel; S. 143: Tommy Hilfiger; S. 144/145: Marc O'Polo; S. 147: s. Oliver; S. 149: INSPIRED Visual Merchandising; S. 150/151: s. Oliver; S. 153: Tommy Hilfiger; S. 154: Galeria Kaufhof; S. 157: Tommy Hilfiger; S. 159 und S. 160: H & M Hennes & Mauritz; S. 163 und S. 165: Marc O'Polo; S. 167: Viabild; S. 168/169: Marc O'Polo; Seite 171 und Seite 173: IDW; S. 175: Cortec; S. 177/178. Tommy Hilfiger; S. 180: Porsche Design; S. 184: Bershka; S. 186: INSPIRED Visual Merchandising/Foto: Can Berber.